Les triangles rouges indiquent les principaux volcans et les îles d'origine volcanique. Les lignes noires représentent les dorsales médio-océaniques, c'est-à-dire de gigantesques chaînes volcaniques sous-marines.

Connaître & découvrir

LES VOLCANS

Illustrations : Xavier Hüe

Conception graphique : francis m

Connectez-vous sur :
www.lamartiniere.fr

ISBN : 2-8307-0755-9

Jacques-Marie Bardintzeff

Connaître & découvrir

LES VOLCANS

Minerva

Sommaire

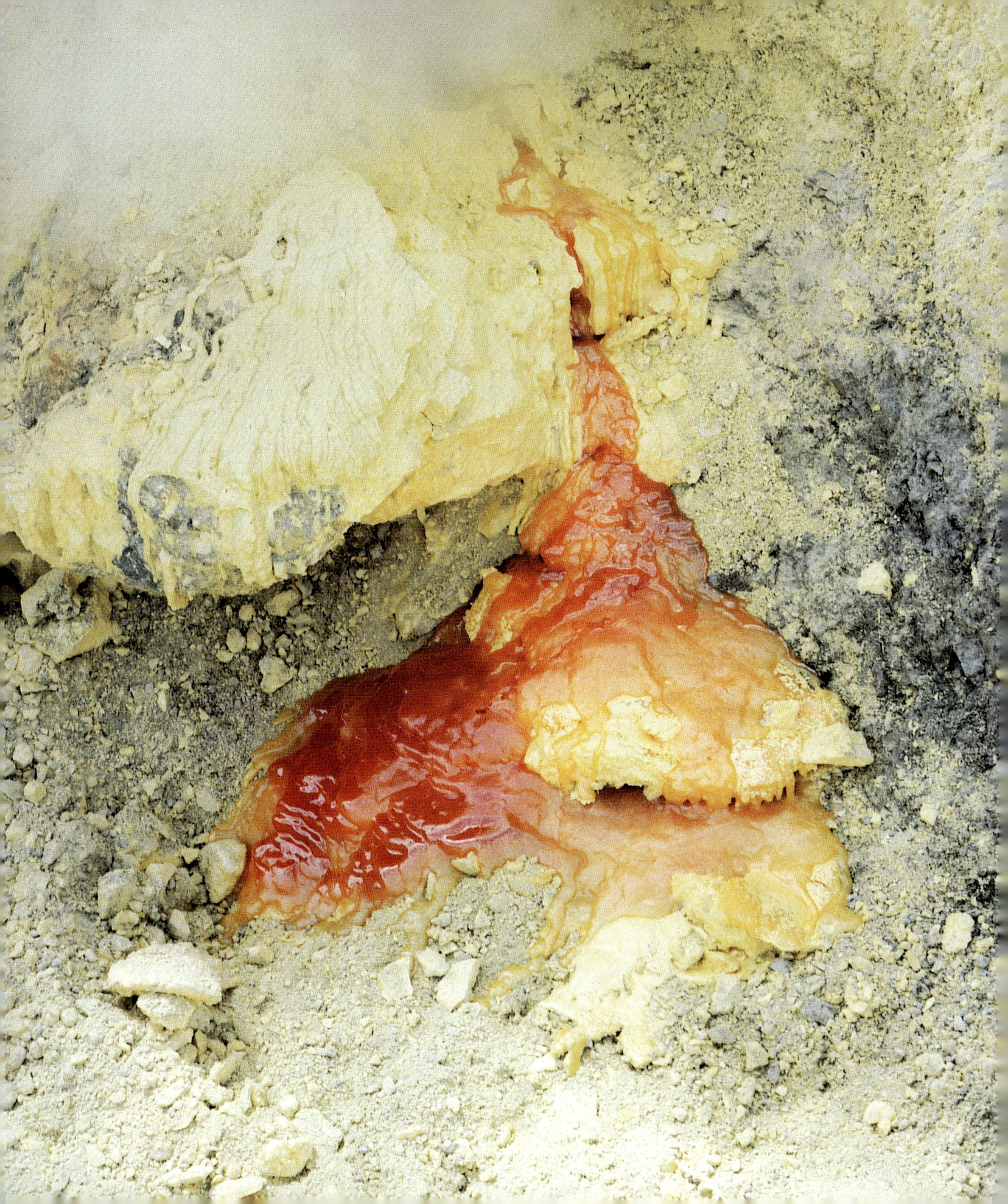

AVANT-PROPOS

Les volcans font régulièrement la une de l'actualité, de façon tantôt spectaculaire, tantôt dramatique.
Si les projections de bombes incandescentes du piton de la Fournaise à la Réunion fascinent les insulaires comme les touristes, les colères de l'Etna perturbent régulièrement la vie des Siciliens alors que les redoutables nuées ardentes de la Soufrière de Montserrat aux Antilles ont stérilisé une grande partie de « l'île d'émeraude ».
En témoigne la nouvelle édition complétée et actualisée de ce livre – la première a paru aux éditions Liber en 1997.
Le magma prend naissance à une centaine de kilomètres de profondeur, par fusion des roches. Après un long séjour, il jaillit en surface, tantôt en coulées de lave rouge-orange, tantôt en cendres grises. Comprendre son histoire, de sa formation à son émission, permet de prévoir de plus en plus précisément les éruptions et de sauver des milliers de vies humaines. C'est le défi que les volcanologues ont décidé de relever à l'aube du troisième millénaire.
Mais il ne faut pas oublier l'aspect utile du volcanisme, source de matière première, d'énergie, parfois de loisirs. D'ailleurs, de nombreux volcans sont protégés dans le cadre d'un parc naturel. Aujourd'hui, chacun rêve de découvrir un volcan, au moins une fois dans sa vie. Heureusement, il y en a pour tous, selon ses moyens physiques et financiers, du puy de La Vache auvergnat au Kilimandjaro tanzanien.
Alors, le volcan est-il utile ou nuisible ?

JACQUES-MARIE BARDINTZEFF

Page de gauche :
Soufre en fusion
au Kawah Idjen en Indonésie.

VOLCANS, MYTHOLOGIES ET SCIENCES

Il faut donc admettre que le feu qui se forme dans la terre a pour cause le fait que le choc enflamme l'air qui s'est préalablement réduit en fines molécules.

Aristote, *Météorologiques*, Livre II, tome I.

De tout temps, les volcans et les hommes ont entretenu des relations privilégiées. Pour les peuples anciens, dans toutes les civilisations concernées, les volcans étaient des bouches de l'Enfer, domaine de dieux susceptibles et irascibles. Inversement, le volcan sacré, à l'origine de nombreux bienfaits, était régulièrement loué lors de processions et récompensé par des offrandes. Puis les scientifiques ont essayé de comprendre les mécanismes complexes à l'origine des éruptions.

Vulcain et Vénus : un couple éruptif

Vulcain, le dieu latin du feu et du métal, homologue de l'Héphaïstos grec, régnait en profondeur dans les entrailles en fusion de la Terre. Il avait été précipité du haut de l'Olympe par sa mère Junon (Héra) et en était resté fort laid et boiteux. Vulcain installa alors son royaume dans de gigantesques forges situées sous les volcans de l'Italie du Sud. Les Cyclopes et les Cabires l'aidèrent dans son labeur acharné.

Curieusement, il reçut en mariage Vénus (Aphrodite), la déesse de la beauté et de l'amour. Celle-ci, n'ayant que faire d'un mari grognon, le trompait outrageusement avec d'autres dieux, demi-

Ci-dessus : *À Pouzzoles, sur le golfe de Naples, le « temple » romain de Sérapis (daté de l'an 2 av. J.-C.), dont les piliers sont rongés par l'eau de mer et les coquillages, témoigne des mouvements verticaux de grande ampleur de la zone des « Champs phlégréens », liés au gonflement d'un réservoir magmatique profond.*

dieux ou héros : Poséidon (Neptune), Hermès (Mercure), Dionysos, Adonis... Quand Vulcain s'en apercevait, il entrait dans des colères folles... autant d'éruptions volcaniques. Les amours de Vénus et de Mars (Arès) furent particulièrement tumultueuses. De cette union naquirent Deimos (la Crainte) et Phobos (la Terreur) mais aussi Éros et Antéros. Vulcain réussit à l'aide d'un filet aux mailles invisibles à capturer Vénus et Mars enlacés au cours de leurs ébats coupables. Il les présenta ainsi à tous les dieux de l'Olympe pour les confondre !

Vulcain a toujours eu une place importante dans la mythologie gréco-romaine, témoin de la fascination qu'exerçaient les volcans dans l'Antiquité. Il était souvent représenté en géant barbu et chevelu, parfois coiffé d'un bonnet de cuir, qui travaillait sans relâche. Dieu-forgeron de génie, il forgea l'armure invincible d'Hercule, martela le bouclier d'Achille, cisela le sceptre de Jupiter, le trident de Neptune et les flèches d'airain d'Apollon. Par vengeance, il fabriqua un trône magique tout en or pour Junon qui en resta prisonnière : elle ne fut libérée que sur intervention de Jupiter (Zeus) le roi des dieux.

Plus tard, Vulcain ressembla à un gnome ; sa statue était placée près de l'âtre pour conserver la force et la chaleur du foyer. Il devint un peu un membre de la famille, presque sympathique ! L'ambiguïté (nuisible ou utile ?) du volcan existait déjà.

Page de gauche : *Un soupirail de l'enfer à Leirhnjukur en Islande.*
Ci-dessus : *Éruption du piton Kapor au piton de la Fournaise, sur l'île de la Réunion, en avril 1998.*

Le volcan craint, déifié et fascinant

La plus ancienne représentation d'un volcan est une fresque turque retrouvée dans la vieille cité de Çatal Höyük, remontant à 6 600 ans av. J.-C. Elle représente un volcan à deux sommets, dont un seul est en activité. Peut-être s'agit-il de la silhouette de l'Hasan Dagi ou d'édifices voisins, qui furent effectivement actifs il y a environ 10 000 ans. À son pied est dessinée une ville avec ses rues et ses maisons : en quelque sorte, la première carte géologique, présentant déjà les risques volcaniques. C'est d'ailleurs en Turquie, précisément sur le volcan Ararat, que,

Ci-dessus : *Cette fresque, datée entre 6650 et 6570 av. J.-C., a été découverte par James Mellaart à Çatal Höyük en Turquie et redessinée par Grace Huxtable. L'original peut être admiré à Ankara au Muséum des anciennes civilisations. On y voit un volcan actif menaçant une ville.*

selon les récits bibliques de la Genèse, s'échoua l'arche de Noé « le septième mois, le dix-septième jour du mois ».

Dans toutes les civilisations concernées, le volcan a été déifié : en Asie, en Amérique centrale... Au Mexique, les Aztèques vénéraient Huehueteotl, le dieu du feu et de la chaleur terrestre, représenté avec un brasero sur le dos. On raconte qu'au Nicaragua des jeunes filles vierges étaient précipitées en sacrifice dans le lac de lave en fusion du volcan Masaya. Peut-être le sorcier de la tribu les sauvait-il *in extremis*, moyennant certaines compensations ! À leur arrivée, les conquistadores espagnols crurent voir un lac d'or fondu : ils furent très déçus. En 1529, le prêtre Francisco de Bobadilla planta une croix près de l'orifice du cratère, considéré comme une porte de l'enfer !

Ci-contre : *À Las Huellas de Acahualinca, au Nicaragua, des traces de pas d'hommes et de cervidés ont été retrouvées dans un niveau de coulée boueuse issue du volcan Masaya, datée entre 4600 et 5500 av. J.-C. Nos ancêtres tentaient-ils alors de fuir l'éruption ?*

Régulièrement, des processions s'organisaient. Chacun apportait le cadeau qui pouvait faire plaisir au volcan irascible : fleurs, nourriture, pièces de monnaie. De nos jours encore, au Japon, chaque année, deux millions de pèlerins, certains en robe blanche, escaladent les pentes du cône parfait du Fuji-Yama (Fuchi est la déesse du feu) ; 300 000 atteignent le sommet, qui culmine à 3 776 mètres. De même en Indonésie, Brahma reçoit des offrandes dans le cratère du volcan Bromo : une nuit par an, les prêtres, suivis d'une procession de fidèles, font trois fois le tour du cratère, afin que l'année à venir soit exempte d'éruption. Et dans l'île de Tanna, dans l'archipel des Nouvelles-Hébrides (Vanuatu), le volcan Yasour était interdit à quiconque ; maintenant il suffit de payer un droit aux « coutumiers ».

Le volcan continue à faire peur. Lors de l'éruption de l'Etna le 17 juillet 1960, en pleine guerre froide entre l'URSS et les États-Unis, le panache éruptif aux formes boursouflées fut confondu avec un champignon atomique. La population, croyant à un conflit nucléaire, fut prise de panique.

Avec le *Voyage au centre de la Terre,* Jules Verne fait toujours rêver des générations d'explorateurs en herbe. On frémit en compagnie du professeur Otto Lidenbrock, de son neveu Axel et de leur guide Hans Bjelke, lors de leur fabuleux voyage souterrain. Un ancien manuscrit leur indique le début de l'itinéraire, précisément en Islande : « Descends dans le cratère du Yocul de Sneffels que l'ombre de Scartaris vient caresser avant les calendes de juillet, voyageur audacieux, et tu parviendras au centre de la Terre. Ce que j'ai fait. » Après des tribulations épiques, l'odyssée se termine brutalement au Stromboli en Italie !

Ci-dessus : *Le volcan est encore déifié de nos jours, comme lors de cette procession en Indonésie ou de cette danse rituelle au Vanuatu.*

La science progresse

Les connaissances sur les volcans, très limitées au début, augmentèrent sans cesse. Homère, dans l'*Iliade* et l'*Odyssée*, raconte comment les marins furent surpris par des pierres flottant en surface de la mer : il s'agissait de ponces volcaniques. Empédocle, philosophe d'Agrigente en Sicile au Ve siècle av. J.-C., se retira sur l'Etna pour l'étudier en détail. Finalement, il se jeta (ou tomba ?) dans le cratère du volcan, qui ne rejeta plus tard qu'une de ses sandales !

Les premiers écrits scientifiques relatifs aux phénomènes volcaniques sont ceux de Pline le Jeune. Son oncle et père adoptif, Pline l'Ancien, amiral de la flotte de Misène, mourut en portant secours aux habitants menacés par la dramatique éruption du Vésuve, qui détruisit en 79 apr. J.-C. les villes de Pompéi, Herculanum et Stabies. Son neveu, alors âgé de 17 ans, fit plus tard, dans ses deux *Lettres à Tacite*, une description si précise, que son témoignage est encore utilisable de nos jours.

Longtemps, le volcan fut abordé de façon anecdotique dans les traités de géologie. Au XVIIe siècle, Descartes pensait que la Terre étant un astre refroidi, seul le Soleil pouvait jouer un rôle dans l'activité volcanique. Pour Buffon, célèbre naturaliste du XVIIIe siècle, le volcan était un foyer superficiel, entretenu par les vents. D'autres scientifiques penchaient plutôt pour des phénomènes électriques.

Il fallut attendre 1752 pour que Jean-Étienne Guettard, dans son remarquable ouvrage *Sur quelques montagnes de France qui ont été volcans*, assimile les monts d'Auvergne à des volcans. Il constata en effet des analogies frappantes entre la pierre de Volvic et les roches du Vésuve. Il supposa même que ces volcans d'Auvergne « ne demandent peut-être pour s'enflammer de nouveau que les moindres mouvements ». Barthélemy Faujas de Saint-Fond publie en 1778 ses *Recherches sur les volcans éteints du Vivarais et du Velay*.

Entre le XVIIIe et le début du XXe siècle, James Hutton, William

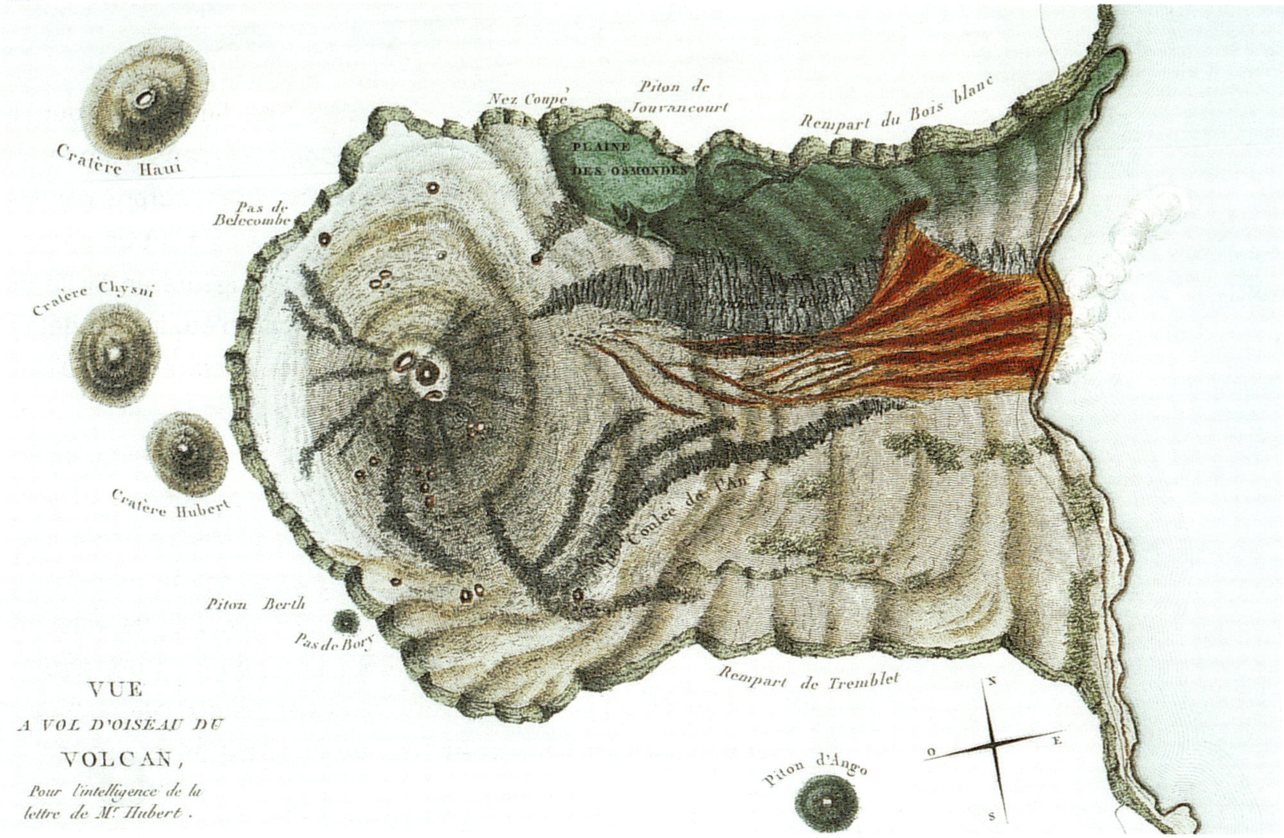

Hamilton, Déodat de Gratet de Dolomieu, Ferdinand-André Fouqué, son gendre Alfred Lacroix, Frank Perret et bien d'autres expliquèrent de plus en plus précisément les lois de la dynamique éruptive.

En 1912, Alfred Wegener établit sa théorie de la dérive des continents, à l'origine de celle, plus globale, de la tectonique des plaques, qui a rendu au volcanisme, dans les années 1960, la place qu'il mérite : la première.

Ci-dessus : *Cette planche, représentant le piton de la Fournaise à la Réunion, est extraite du* Voyage dans les quatre principales îles des mers d'Afrique *de Jean-Baptiste Georges Marie Bory de Saint-Vincent, publié en l'an XIII (1804).*

LA TERRE, UNE PLANÈTE ACTIVE

Ces vapeurs que la Terre a dans le ventre…

Dante, *La Divine Comédie* (1307-1321), L'Enfer, chant VIII.

La Terre est une planète vivante… à un rythme géologique de millions et de milliards d'années. Elle change d'aspect au cours des ères. Les tremblements de terre et les éruptions volcaniques sont autant de manifestations de son activité. C'est grâce à cette activité que notre planète bleue nous apparaît chaude et hospitalière. Inversement, la Lune, planète morte depuis longtemps, est un désert inhabitable.

La Terre vivante

Les habitants de notre belle planète la pensent immuable et éternelle. Les paysages qu'ils ont l'habitude de voir, mers ou montagnes, ne changent presque pas. Et pourtant, la Terre est née il y a 4,6 milliards d'années, elle vit et... elle mourra dans plusieurs milliards d'années : c'est-à-dire que notre planète est en pleine maturité. La Terre vit ! Certes, mais son cœur bat à un rythme géologique, difficilement perceptible. Les géologues savent bien qu'en plusieurs centaines de millions d'années, des chaînes de montagnes ont surgi puis ont été arasées par l'érosion, des océans se sont ouverts puis refermés. Même les conti-

Ci-dessus : *Jacques-Marie Bardintzeff face à l'activité de notre planète à Hawaii. La coulée de lave vient juste de se solidifier en surface mais son cœur est encore liquide : c'est le sang de la Terre !*

nents se déplacent, tout doucement, de quelques centimètres par an, mais cela fait des milliers de kilomètres en 100 millions d'années. Ainsi retrouve-t-on dans l'Antarctique des fossiles de fougères arborescentes, datant de l'ère primaire : à cette époque, ce continent se situait donc sous les tropiques et jouissait d'un climat chaud et humide, puis il a lentement migré vers les froids intenses du pôle Sud.

Parfois, la Terre manifeste son activité par des colères plus ou moins redoutables : les tremblements de terre, appelés également séismes, et les éruptions volcaniques.

Le globe terrestre

L'intérieur de la Terre est aujourd'hui assez bien connu même s'il n'est pas question d'y pénétrer : le voyage souterrain au centre de la planète, imaginé par Jules Verne, reste impossible, sans doute pour très longtemps. Mais le mouvement des failles, la formation des montagnes et l'abrasion des vieux boucliers continentaux, mettent de vieilles roches des profondeurs en surface : elles affleurent alors et peuvent être étudiées par les géologues. Les volcans crachent parfois des fragments de roches d'origine interne, formées de beaux minéraux verts appelés olivines. Les ondes sismiques qui parcourent le globe donnent, par leurs vitesses de propagation de plusieurs kilomètres à la seconde, des indications sur les constitutions et les propriétés physiques des terrains qu'elles traversent. Des calculs astronomiques permettent de calculer la masse et la densité du globe terrestre : sa densité moyenne est de 5, alors que celle des roches de surface est inférieure à 3, ce qui prouve l'existence d'un noyau central bien plus lourd (sa densité atteint 13 !). Les météorites, qui tombent régulièrement du ciel, considérées comme jumelles de la Terre, ont des compositions variées : certaines, métalliques, très denses, constituées de fer et de nickel, doivent ressembler beaucoup aux roches du centre de la Terre.

Le globe terrestre a une circonférence de 40 000 kilomètres, soit un rayon de 6 370 kilomètres. Il est constitué de plusieurs

Page de droite
En haut : *Les bombes volcaniques renferment parfois un nodule d'olivines vertes. La taille des deux bombes est de 17 centimètres.*
En bas : *Lame mince de cette roche constituée d'olivines vue au microscope polarisant. Le secteur photographié mesure 6 millimètres sur 4,5.*

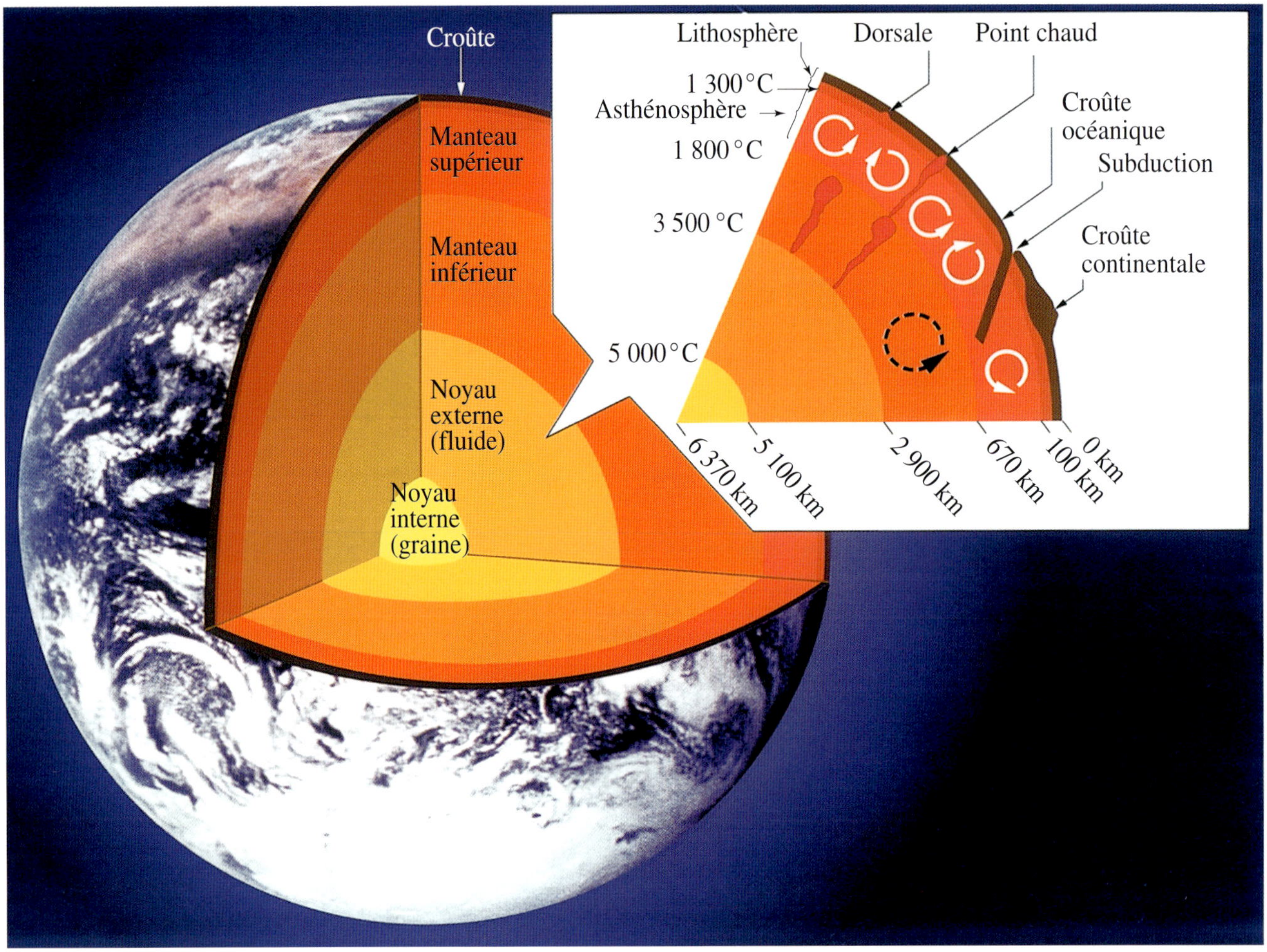

Ci-dessus : *L'intérieur de la Terre est constitué de couches concentriques : croûte, manteau et noyau. L'essentiel est solide, sauf le noyau externe qui est fluide.*

couches concentriques et on le compare souvent à un œuf (voir schéma ci-dessus). Une croûte, relativement mince (10 kilomètres d'épaisseur sous les océans, 30 kilomètres au niveau des continents et jusqu'à 70 kilomètres sous les chaînes de montagnes) et cassante, correspond à la « coquille ». Elle surmonte un manteau (le blanc de l'œuf) épais de 2 900 kilomètres, constitué d'olivines. Le noyau (le jaune de l'œuf), de 3 500 kilomètres de rayon, occupe le centre de la planète.

Des températures infernales

Quand on s'enfonce dans les profondeurs de la Terre, la température augmente régulièrement, de trente degrés par kilomètre en moyenne. Les mineurs le savent bien, qui supportent des températures de 40 à 50 degrés au fond des mines. Plus profondément, l'augmentation est moins rapide mais la température de la planète atteint tout de même 5 000 degrés en son centre ! L'origine de la chaleur produite et libérée par la Terre

À gauche : *Jacques-Marie Bardintzeff près d'une coulée de lave visqueuse (appelée* aa*) au Kilauea à Hawaii.*
Ci-dessus : *détail d'une coulée fluide cordée (*pahoehoe*).*

est double. Une partie, primitive, date de la formation de la Terre, qui n'a pas fini de se refroidir. De plus, la Terre contient des éléments radioactifs (uranium, thorium, potassium, ne présentant aucun danger pour l'Homme), qui, en se désintégrant, libèrent également de la chaleur. Ces deux sources interviennent de façon à peu près égale dans le bilan thermique de la planète.

Les températures centrales infernales expliquent l'idée, largement répandue, que les entrailles de la Terre sont liquides, à l'état de fusion. C'est oublier que la pression augmente également pour atteindre en son centre des valeurs considérables (4.10^{11} pascals soit 4 millions de fois la pression atmosphérique), qui s'opposent à la fusion des roches. La Terre est donc solide dans son

Ci-dessus : *Lac de lave dans le cratère du Pu'u O'o, sur les flancs du Kilauea à Hawaii.*

Page de droite
En haut à gauche : *Les deux hémisphères de Mars. Sur l'hémisphère ouest, on distingue un gigantesque canyon (Valles Marineris) en position équatoriale et quatre volcans géants (en blanc) : Olympus Mons, Ascraeus Mons, Pavonis Mons et Arsia Mons.*
En bas à gauche : *Le volcan Olympus Mons, sur la planète Mars, inactif aujourd'hui, est le plus grand volcan du système solaire. Sa hauteur atteint 22 kilomètres et sa superficie correspond presque à celle de la France !*

ensemble ! Seule la partie externe du noyau, entre 2 900 et 5 100 kilomètres de profondeur, reste liquide (voir schéma p. 20). Mais elle ne peut en aucun cas communiquer avec la surface car l'épais manteau solide forme une barrière infranchissable. Le noyau interne, la graine, est solide.

Les volcans résultent, dans certains contextes géologiques bien particuliers, de la fusion d'une partie du manteau à une centaine de kilomètres de profondeur. Cette profondeur, qui semble importante à l'échelle de l'Homme, est très faible à celle de la planète. Le liquide, issu de la fusion du manteau, est appelé magma.

Ces volcans constituent bien la preuve la plus tangible et la plus spectaculaire de l'activité de la Terre.

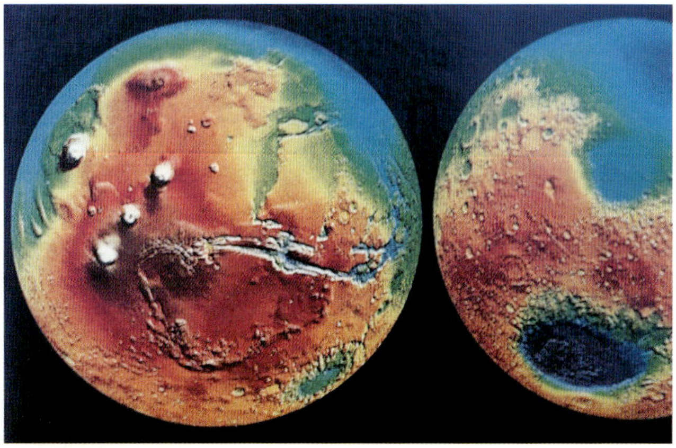

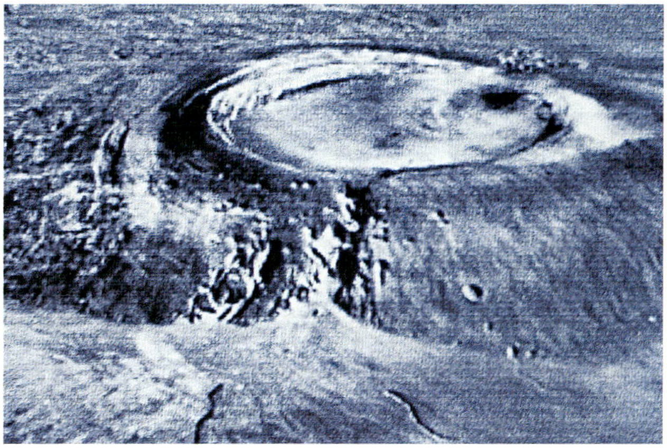

Volcanisme sur les autres planètes

Y a-t-il des volcans sur les autres planètes du système solaire ? On commence à en avoir une bonne idée grâce aux nombreuses images transmises par les sondes spatiales.

Les planètes les plus proches du Soleil, relativement petites (Mercure, Vénus, Mars, ainsi que la Lune), ont une constitution très proche de celle de la Terre, d'où leur nom de planètes telluriques. La Lune et Mercure ont connu des phases de volcanisme majeures il y a plusieurs milliards d'années. Mais ces planètes, bien plus petites que la Terre, sont maintenant complètement refroidies et inactives : ce sont des planètes définitivement mortes avec des volcans éteints. Sur la Lune, les grandes taches sombres visibles à l'œil nu, que l'on baptise à tort « mers », résultent en fait de gigantesques épanchements de laves, figées depuis

Ci-dessus
En haut à droite : *Ulysses Patera, volcan de la planète Mars. Le cratère, ancien, visible au centre de la photo, mesure 60 kilomètres de diamètre. Il a été percuté par des météorites, qui ont formé deux cratères d'impact de plus petite taille.*
En bas à droite : *Arsia Mons, autre volcan martien. Sur ce document, la hauteur est exagérée 10 fois par rapport à l'échelle horizontale.*

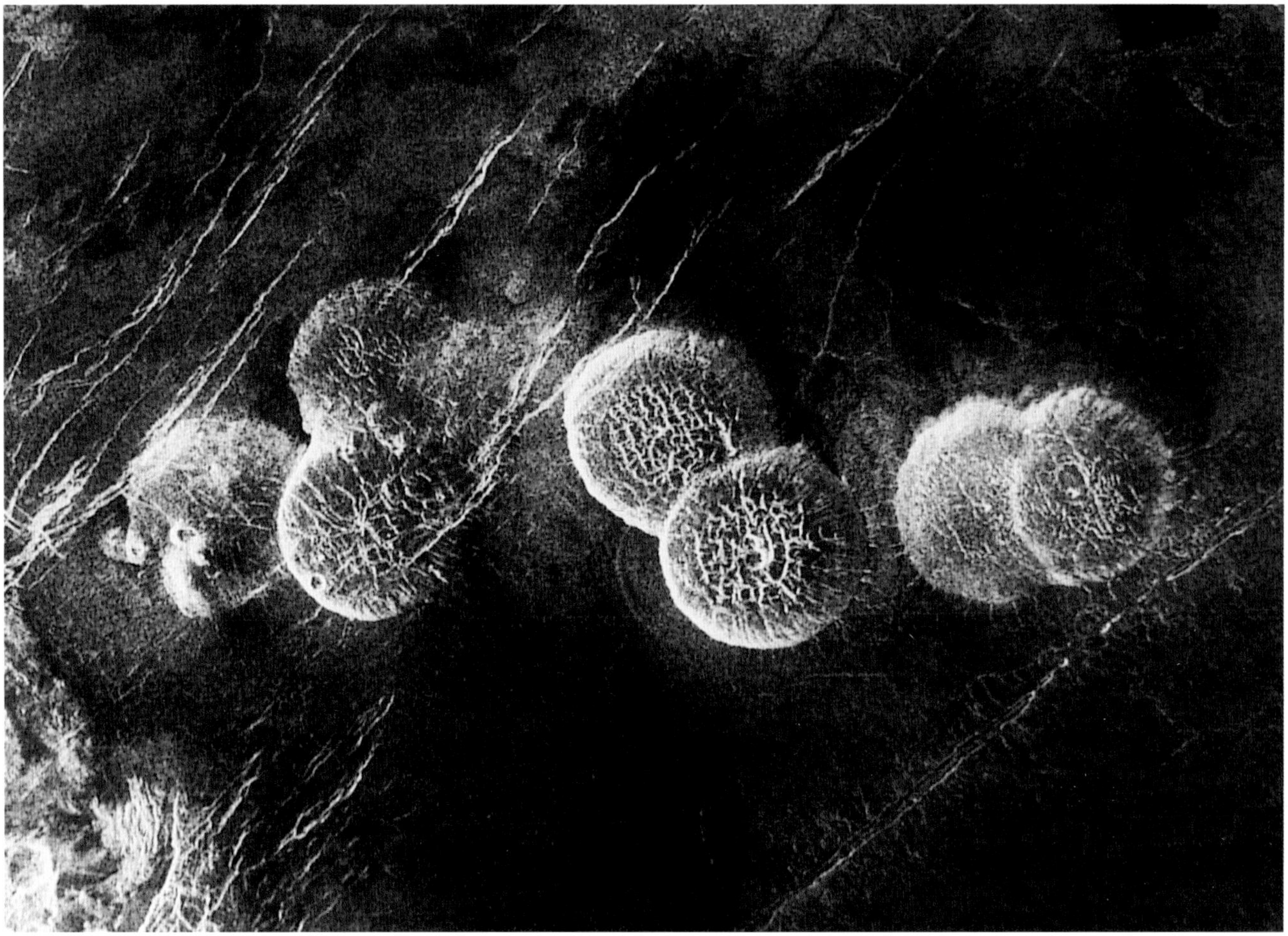

Ci-dessus : *Sur cette image radar de Vénus, prise par la sonde américaine* Magellan *en 1991, on aperçoit sept dômes en forme de « pancakes », d'un diamètre moyen de 25 kilomètres, dans Alpha Regio.*

longtemps. Sur Mars, une vingtaine d'anciens volcans atteignent des proportions démesurées. Le volcan Olympus Mons, presque aussi étendu que la France, culmine à 22 000 mètres, soit deux fois et demi l'Everest ; sur son sommet se côtoient six larges cratères appelés « caldeiras », formant une impressionnante dépression de 80 kilomètres de diamètre. Le volcanisme, qui a débuté il y a plusieurs milliards d'années, se serait arrêté il y a quelques centaines de millions d'années, peut-être moins. La Lune, Mercure et Mars sont constellées d'impacts de météorites, qu'il ne faut pas confondre avec des cratères volcaniques. Sur la Terre, on connaît quelques impacts équivalents, tel Meteor

Crater en Arizona, large de 1 200 mètres, profond de 200 mètres et vieux de 22 000 ans, mais la plupart de ces impacts ont été effacés par l'érosion.

Le cas de Vénus s'apparente davantage à celui de la Terre dont c'est en quelque sorte la planète jumelle, d'une taille presque identique. Son histoire thermique similaire laisse penser qu'elle est le siège d'un volcanisme récent. Malheureusement, Vénus reste voilée par d'épais nuages de gaz carbonique et garde en partie son mystère. Cependant, des sondes spatiales ont révélé par radar des formes en dômes aplatis comme des crêpes, baptisés « pancakes », d'une vingtaine de kilomètres de diamètre, vraisemblablement d'origine volcanique. On pense que les phases d'activité majeures de Vénus ont cessé il y a 300 millions d'années mais on n'exclut pas la possibilité d'une activité résiduelle actuelle.

Les planètes géantes (Jupiter, Saturne, Uranus et Neptune) diffèrent complètement des planètes telluriques. De densité très faible (0,7 à 1,5), ces quatre planètes sont constituées en grande partie de glace, d'ammoniac et de méthane gelés, d'hydrogène et d'hélium à l'état liquide ou gazeux. Leur périphérie gazeuse ne peut pas être le siège d'un quelconque volcanisme. Par contre, leurs nombreux satellites, d'une taille parfois supérieure à celle de la Lune, présentent des volcans bien étonnants. Sur Io, satellite de Jupiter, les sondes américaines *Voyager* ont photographié huit volcans actifs en 1978. Il s'agit de volcans géants, d'une centaine de kilomètres de diamètre, qui crachent du soufre orangé, en coulées ou en panaches gazeux de plusieurs centaines de kilomètres.

Voici de merveilleux champs d'études pour les volcanologues du troisième millénaire !

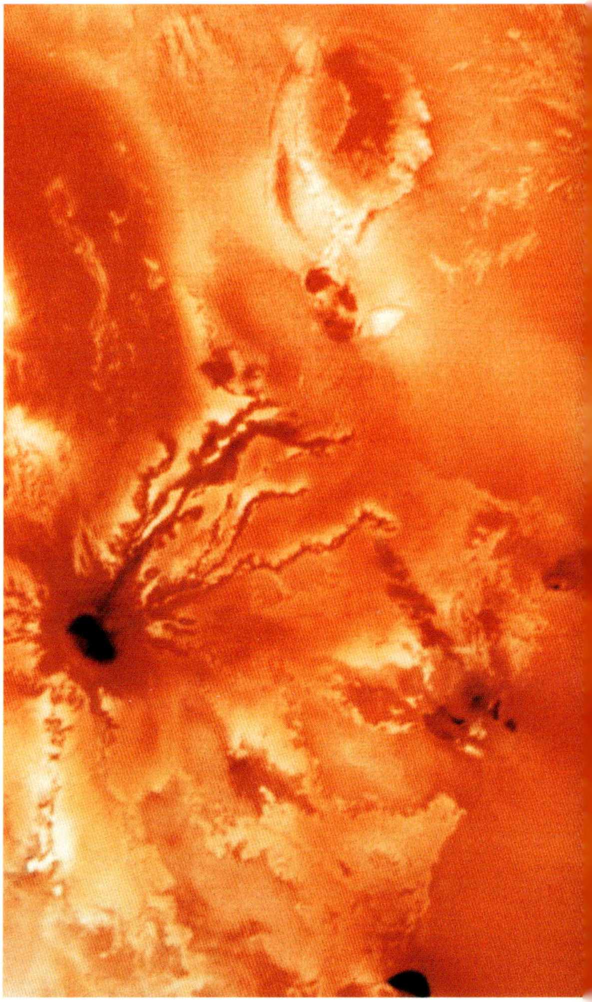

Ci-dessus : *Sur cette image de Io (satellite de Jupiter), prise par la sonde américaine* Voyager 1 *en 1979, des volcans actifs géants, d'une centaine de kilomètres de diamètre, rejettent du soufre.*

DES VOLCANS PAR MILLIERS

Remonté au sommet du cône, j'aperçois toutes les Lipari égrenées sur les flots. Là-bas, en face, se dresse le Stromboli tandis que, derrière moi, l'Etna gigantesque semble regarder au loin ses enfants et ses petits-enfants.

Élisée Reclus, sur sa découverte de Vulcano.

La Terre possède plus de 10 000 volcans sur les continents et encore plus sous les océans (voir cartes en début et en fin d'ouvrage). Ceux-ci se répartissent sur seulement 3 % de la surface du globe : tout le monde sait qu'il y a beaucoup de volcans au Japon et aucun en Suède. Ces volcans sont répartis en grandes régions. Une immense chaîne de volcans sous-marins parcourt trois océans. Le Cercle de feu du Pacifique est le lieu des principales catastrophes volcaniques. D'autres volcans forment des arcs insulaires. Enfin, certains restent isolés au milieu d'un océan ou d'un continent.

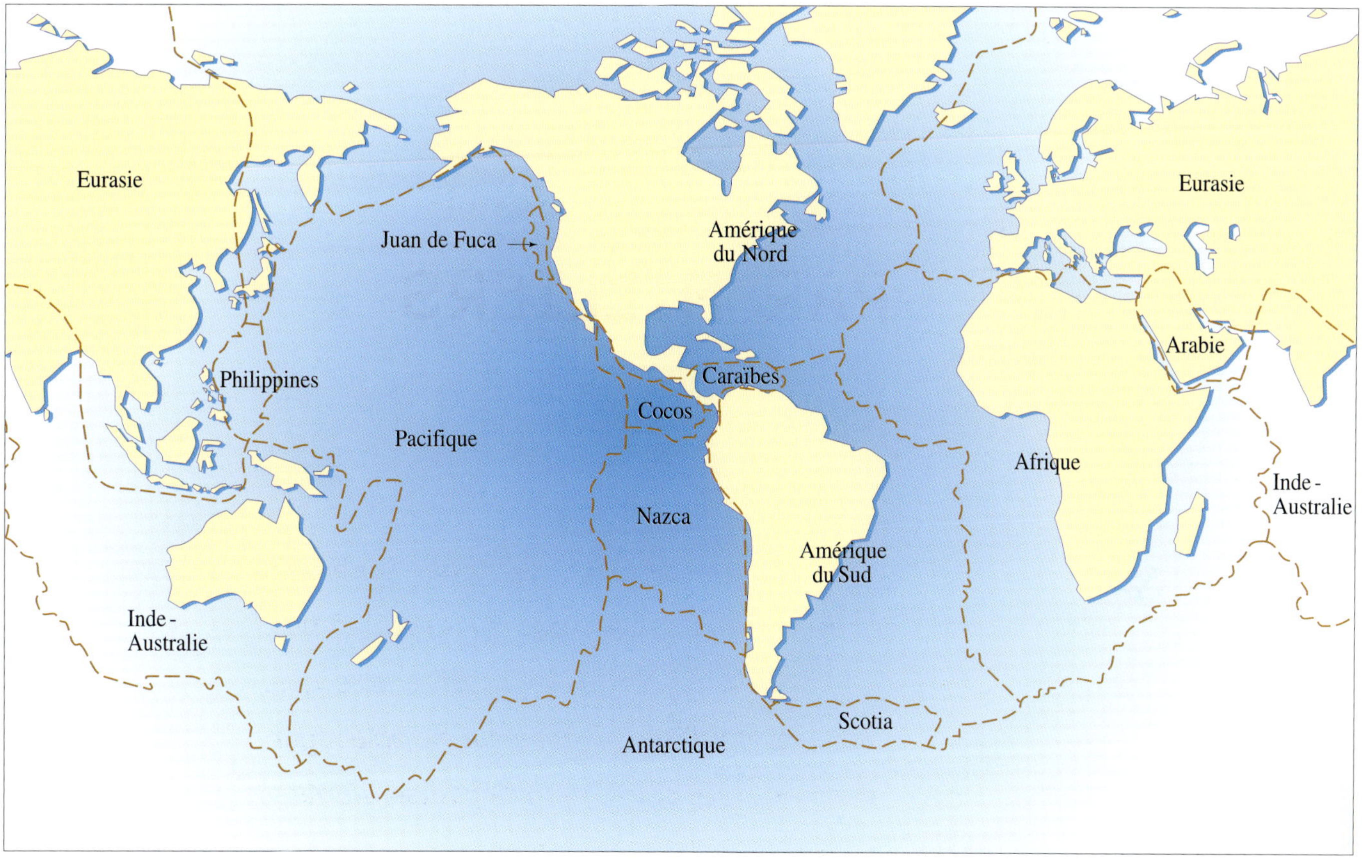

Des plaques mobiles

Ci-dessus : *Les principales plaques lithosphériques.*

L'enveloppe externe de la Terre est constituée de grands fragments qui bougent les uns par rapport aux autres, un peu comme les plaques de glace d'une banquise. Ces fragments, beaucoup plus longs et larges (plusieurs milliers de kilomètres) qu'épais (une centaine de kilomètres), sont appelés plaques. Ils sont formés de la croûte terrestre et de la partie supérieure du manteau (l'ensemble est appelé lithosphère), ce qui complique singulièrement le modèle géologique. Ils bougent les uns par rapport aux autres, de quelques centimètres chaque année, en entraînant les continents, et se déplacent aussi par rapport au

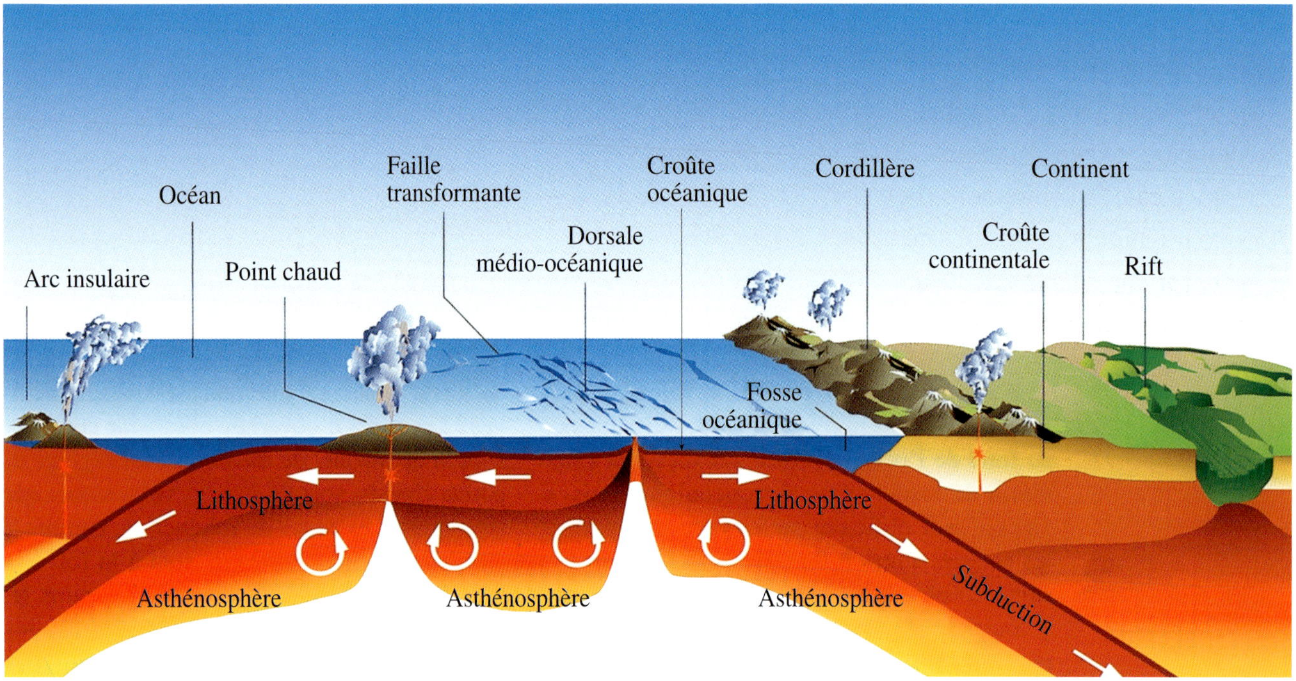

Ci-dessus : *Trois grands types de volcans résultent de l'activité interne du globe, dans différents contextes géologiques : subduction, dorsale océanique et point chaud.*

manteau sous-jacent, appelé asthénosphère. Par endroits, ces plaques s'écartent et un océan peut se former. Ailleurs, elles se rapprochent et soit alors elles entrent en collision et sont à l'origine d'une chaîne de montagne, soit une plaque plonge sous une autre (c'est ce qu'on appelle une subduction).

On dénombre sur la Terre sept plaques majeures – Eurasie, Afrique, Amérique du Nord, Amérique du Sud, Pacifique, Inde-Australie, Antarctique – et plusieurs autres plus petites (voir schéma p. 27). La plaque Eurasie correspond presque uniquement à un continent, la plaque Pacifique à un océan, mais les plaques Amériques, de constitution mixte, sont formées à la fois de continent (les Amériques) et d'océan (la partie ouest de l'Atlantique).

Selon leur position par rapport à ces limites de plaques, on distingue trois catégories de volcans (voir schéma ci-dessus) : les volcans de cordillères et d'arcs insulaires au niveau d'une subduction, les volcans de rifts et de dorsales océaniques (sous-marins pour la plupart) et des volcans isolés au milieu d'un continent ou d'un océan résultant de l'activité de « points chauds ».

Volcanisme d'ouverture

On a du mal à imaginer que l'océan Atlantique recouvre une des plus longues chaînes de montagnes du monde ! C'est pourtant le cas. Sa profondeur moyenne, de 4 000 mètres, n'est plus que de 2 500 mètres en son milieu. Une chaîne volcanique, appelée dorsale médio-océanique, haute de 1 500 mètres en moyenne, le traverse de part en part du nord au sud. Elle se poursuit de façon quasi continue dans les océans Indien et Pacifique, sur une longueur totale de 65 000 kilomètres (voir cartes en début et en fin d'ouvrage).

Au niveau des dorsales, une gigantesque cassure sépare deux plaques, qui s'écartent l'une de l'autre de deux centimètres par an, éloignant d'autant l'Amérique du Nord et l'Amérique du Sud vers l'ouest, l'Eurasie et l'Afrique vers l'est. Du magma liquide sourd régulièrement de cette fissure, alternativement à un point ou à un autre. Rapidement refroidi au contact de l'eau de mer, il forme des boules de laves solidifiées, de 50 centimètres à 1 mètre de diamètre, qui tapissent la totalité des fonds océaniques. Elles ressemblent à des oreillers, d'où leur nom anglais de *pillow lavas*. On retrouve parfois de telles formations à l'intérieur des continents car elles ont été entraînées lors de mouvements géologiques majeurs. Chaque année, l'ensemble des dorsales produit 21 kilomètres cubes de magma, soit beaucoup plus que les volcans situés sur les continents. Près des lèvres de la dorsale, des « fumeurs », fumerolles à haute température, accompagnent les phénomènes volcaniques. Les fumeurs noirs (350-400 degrés) déposent des sulfures, tandis que les fumeurs blancs (160-300 degrés) déposent des sulfates. Des concrétions, les fameux nodules polymétalliques, qui seront peut-être exploitables un jour, résultent de cette activité fumerollienne.

Localement, la production de magma peut être anormalement importante. Son accumulation conduit à la formation d'îles océaniques, telles l'Islande dans l'Atlantique Nord ou Sainte-Hélène dans l'Atlantique Sud.

Ci-dessus : *Le fond des océans est formé de laves en forme d'oreillers, appelées pillow-lavas. Cette photo a été prise au large du Mexique, à la profondeur de 2 624 mètres, à partir de la soucoupe plongeante* Cyana, *lors d'une campagne océanographique (Cyamex) en 1978.*

On dénombre **plus de 10 000 volcans sur les continents**, encore plus sous les océans. Plus de 1 500 d'entre eux ont été actifs au cours des dernières 10 000 années, faisant un total de 8 500 éruptions. Une centaine de volcans, actuellement considérés comme très dangereux, sont particulièrement surveillés.

Volcanisme en contexte d'ouverture.
Ci-dessus : *Le rift est-africain en Tanzanie.*
Ci-contre
En haut : *La grande fissure de Thingvellir est située à l'aplomb de la dorsale médio-atlantique qui écartèle l'Islande. C'est dans ce site extraordinaire à l'acoustique parfaite que s'est réuni le premier parlement démocratique de l'histoire en l'an 1000.*
Au centre : *Le Skjaldbreidur en Islande est un volcan-bouclier. Formé par un empilement de coulées de lave d'une grande fluidité, ce volcan très étendu mime la forme d'un bouclier viking.*
En bas : *La fissure éruptive de Leirhnjukur, située sur le rift, qui traverse l'Islande.*

L'ouverture d'un océan débute par un effondrement intra-continental appelé rift, tel le rift est-africain, occupé par les grands lacs Turkana (autrefois Rodolphe), Albert et Édouard (rebaptisés un temps Mobutu et Amin-Dada), Tanganyika, Malawi, et bordé de nombreux volcans tel l'immense Kilimandjaro. Ensuite une mer s'installe, comme la mer Rouge entre l'Afrique et l'Arabie, qui devient un véritable océan. Les laves du plancher océanique présentent une symétrie par rapport à la dorsale : elles sont jeunes près de la dorsale et de plus en plus vieilles quand on s'en éloigne. La connaissance des fonds océaniques, grâce à des soucoupes plongeantes tel le *Nautile*, capable d'atteindre des profondeurs de 6 000 mètres, ou par des forages, a permis d'importants progrès dans la compréhension de la dynamique du globe terrestre.

Volcanisme de subduction

Lorsque les médias relatent une catastrophe tellurique, séisme ou éruption volcanique, neuf fois sur dix, le pays concerné se trouve en périphérie de l'océan Pacifique. On comprend mieux cette dénomination de « Cercle de feu du Pacifique » (voir carte en fin d'ouvrage). Suivons-le par l'imagination dans le sens inverse des aiguilles d'une montre : la gigantesque cordillère des Andes et ses volcans les plus élevés du globe (6 885 mètres pour le Nevado Ojos del Salado au Chili, car le sommet du célèbre Aconcagua à 7 000 mètres d'altitude n'est pas volcanique), l'Amérique centrale du Costa Rica au Mexique, les Cascades aux États-Unis avec le mont Saint Helens, l'Alaska et les îles Aléoutiennes englacés, la péninsule du Kamtchatka de l'Extrême-Orient russe, les îles Kouriles puis le Japon, les Philippines et les Mariannes, la Nouvelle-Guinée, les Nouvelles-Hébrides

Volcanisme en contexte de subduction dans le Cercle de feu du Pacifique.
En haut à gauche : *Le cône du Pacaya (2 552 mètres) au Guatemala fume tranquillement entre deux phases éruptives.*
En haut à droite : *Le Popocatépetl (5 452 mètres), volcan géant mexicain.*
En bas à gauche : *Le cratère sommital fumant du Fuego de Colima au Mexique (3 960 mètres).*
En bas à droite : *De type vulcanien, le Fuego (3 765 mètres), au Guatemala, toujours très actif, libère un panache de cendres tous les quarts d'heure en moyenne.*

En haut : *À la Soufrière de Sainte-Lucie, aux Antilles, un bébé volcan de quelques mètres à peine s'est édifié.*
En bas : *La silhouette du cône parfait du volcan Agua (3 766 mètres) au Guatemala.*

Des volcans existent **sous toutes les latitudes.** Le plus proche d'un pôle est l'Erebus en mer de Ross, sur le continent Antarctique à 77°58' de latitude sud.

rebaptisées Vanuatu, les petites îles des Tonga et des Kermadec, la Nouvelle-Zélande.

Le Cercle de feu présente un double aspect. Sur sa moitié est, au niveau des côtes américaines, s'élèvent de hautes chaînes volcaniques de type cordillère. Au contraire, dans sa partie ouest, se succèdent des arcs insulaires volcaniques moins élevés. Des fosses océaniques les bordent, profondes de 7 400 mètres près de la cordillère des Andes, au niveau du Pérou et du Chili, et encore plus le long des arcs insulaires, jusqu'à 10 000 mètres aux Philippines ; elles atteignent le record de 11 022 mètres au large des Mariannes.

On connaît d'autres arcs insulaires volcaniques ailleurs : les petites Antilles, qui séparent l'océan Atlantique de la mer des Caraïbes, et l'Indonésie dans l'océan Indien. De même, en Méditerranée, se situent l'arc tyrrhénien, entre la botte italienne et la Sicile, et l'arc égéen au large de la Grèce.

Les volcans de cordillère ou d'arc résultent du plongement d'une plaque sous une autre, à des vitesses relativement importantes, de l'ordre de 10 centimètres par an. Ce phénomène, appelé subduction, provoque la fusion de roches profondes, à l'origine du volcanisme.

Quand un océan arrive à maturité, au bout de 100 à 200 millions d'années, il diminue car ses bordures plongent de part et d'autre, puis il se referme et finit parfois par disparaître complètement. Il est alors remplacé, lors de la collision des continents bordiers qui se heurtent et se chevauchent, par des montagnes dans lesquelles on retrouvera les pillow-lavas si typiques.

En haut : *Vue aérienne du Lopevi (1 447 mètres) au Vanuatu, montrant deux cratères juxtaposés.*
En bas : *Le dôme du Santiaguito (2 500 mètres) au Guatemala, né en 1922 au pied du Santa-Maria (3 772 mètres), est en activité quasi continuelle. 0,7 kilomètre cube de lave a déjà été émis et des nuées ardentes sont régulièrement libérées.*

Des volcans bien isolés

Ci-dessus :
Coulée de lave visqueuse de plus de 10 mètres d'épaisseur, émise lors de l'éruption du mont Cameroun en avril 1999.

Certains volcans se singularisent au milieu d'une plaque, en contexte continental (le mont Cameroun en Afrique ou l'Erebus en Antarctique par exemple) ou océanique. Dans ce dernier cas, ils constituent des monts sous-marins (en anglais *sea-mounts*), ou, s'ils émergent, des îles, telles la Réunion dans l'océan Indien ou Hawaii dans le Pacifique. Ces volcans isolés s'expliquent par l'existence en profondeur d'anomalies thermiques appelées points chauds. Localement, la température y est supérieure à la moyenne, ce qui favorise la fusion des roches. Les diamètres des points chauds varient de 200 à 1 000 kilomètres, ce qui est relativement faible à l'échelle de la Terre. Leur origine reste encore mal connue, à une profondeur de l'ordre de plusieurs centaines de kilomètres, même 2 900 kilomètres, à la frontière entre le manteau et le noyau. Il semble aussi qu'un point chaud évolue avec le temps :

Ci-dessus : *Une fissure éruptive s'est formée lors de la crise du mont Cameroun en avril 1999. De petits cônes volcaniques se sont édifiés.*

étendu au début de sa vie, il diminue de taille puis disparaît après plusieurs millions d'années. Cette anomalie locale profonde se traduit en surface par l'existence d'un volcan. Les points chauds sont relativement fixes sur la planète, alors que les plaques bougent au-dessus. Les premiers transpercent les secondes. Le déplacement de la plaque se marque par des alignements de volcans, un peu comme le fait la trace d'un chalumeau sur une tôle.

Dans l'océan Pacifique, l'alignement des îles Hawaii se prolonge au nord par celui des îles Empereur. On dénombre 107 volcans répartis sur 6 000 kilomètres. Actifs à l'extrémité sud-est et de plus en plus âgés vers le nord-ouest, ils démontrent une vitesse de migration de la plaque de l'ordre de 10 centimètres par an vers le nord-ouest. Le mont sous-marin volcanique Loihi, situé à 30 kilomètres au sud-est de l'archipel, culmine à une profondeur de 970 mètres

Les plus gros volcans « vivent » plusieurs **centaines de milliers d'années,** jusqu'à 1 million d'années.

Ci-dessus : *Le puy de Dôme (1 465 mètres), point culminant de la chaîne des Puys en Auvergne.*
Page de droite : *Le puy de Côme, dans la chaîne des Puys, présente deux cratères emboîtés, de diamètres respectifs de 450 et 250 mètres.*

(alors que les eaux océaniques alentour sont profondes de près de 5 000 mètres) : il est bientôt prêt à prendre la relève.

En Polynésie française, les alignements des îles Marquises, Tuamotu-Gambier, Société (avec Tahiti) et Australes ont une direction similaire. Au sud des Australes, le volcan Macdonald, actif à quelques dizaines de mètres de profondeur, va émerger dans les années à venir. Cette nouvelle île se peuplera de végétaux, d'animaux et peut-être un jour d'hommes !

Au cours de son évolution, le volcan change ainsi complètement d'aspect. Après sa naissance au fond de l'océan, il constitue un mont sous-marin qui est souvent en forme de cône tronqué. Puis il émerge avec difficulté car les vagues emportent les rochers situés à fleur d'eau. Il devient ensuite un volcan aérien qui forme une île, parfois entouré d'un lagon corallien en climat intertropical. Le volcan, qui se déplace avec la plaque, n'est plus « entretenu » par le point chaud qui reste fixe. Il devient inactif et s'enfonce à nouveau dans l'océan. Parfois il se recouvre entièrement de coraux et devient un atoll, dont la forme circulaire rappelle celle de l'ancien volcan.

Volcans et séismes

Les volcans et les tremblements de terre, appelés également séismes, sont-ils liés ? Les zones d'ouverture océanique et d'écartement de plaque, de même que les régions de points chauds, sont davantage volcaniques que sismiques. Les zones de subduction, tel le Cercle de feu du Pacifique, sont à la fois très sismiques et très volcaniques. Au contraire, les zones de chaîne de montagnes de collision (Alpes, Himalaya) sont uniquement sismiques, sans volcans associés.

Le plus grand volcan est le Nevado Ojos del Salado, qui culmine à 6 885 mètres au Chili. Le sommet du célèbre Aconcagua, qui frise les 7 000 mètres à la frontière Argentine-Chili, n'est pas constitué de roches volcaniques. Le Mauna Loa, à Hawaii, culmine à 4 170 mètres, soit 9 000 mètres au-dessus des fonds océaniques, profonds de 5 000 mètres environ. Son diamètre à la base est de 250 kilomètres et son volume est de 40 000 kilomètres cubes. Sur la planète Mars, le volcan Olympus Mons mesure 22 000 mètres, soit deux fois et demi l'Everest ! Il s'agit du plus grand volcan du système solaire.

LES ÉRUPTIONS VOLCANIQUES

Quand l'Etna est en travail, il lui pousse alors tout bonnement sur le dos, à un endroit ou à un autre, une espèce de furoncle de la grosseur de Montmartre ; puis le furoncle crève et il en sort un fleuve de lave.

Alexandre Dumas, *Le Speronare*, 1843.

Les volcans, comme les humains, ont des personnalités et des caractères différents. Certains, plutôt calmes et d'humeur égale, libèrent régulièrement de splendides coulées de laves, sans danger majeur. D'autres, imprévisibles et violents, éjectent des bombes et des cendres lors d'éruptions parfois cataclysmales. Nombre d'entre eux changent de comportement au cours de leur longue vie.

Ci-dessus :
Volcanisme de type hawaiien.
La température de cette coulée de lave au Kilauea à Hawaii dépasse 1 000 degrés.

La montée du magma

Le magma se forme par fusion des roches du manteau, plus rarement de la croûte, à des profondeurs comprises entre 50 et 400 kilomètres, en général de l'ordre de 100 kilomètres. Ce liquide, plus léger que les roches solides qui l'entourent, a tendance à monter, le long des fractures de l'écorce. Mais il est exceptionnel qu'il parcoure la distance le séparant de la surface d'une seule traite. En général, il s'arrête en cours de route, si, par exemple, il ne trouve plus de fracture pour se frayer un chemin. Il stagne parfois plusieurs siècles ou millénaires et se rassemble en une poche de plus en plus volumineuse, appelée chambre

magmatique. Sous les plus gros volcans, âgés de plusieurs centaines de milliers d'années, cette chambre atteint plusieurs dizaines, voire centaines, de kilomètres cubes. Le magma, qui y séjourne plusieurs millénaires, subit des modifications provoquées par des phénomènes géologiques complexes : des cristaux se forment, des liquides se séparent, puis se mélangent, les conditions de pression et de température se modifient. Il en résulte des magmas différents du liquide initial, qui vont bientôt jaillir en surface selon des types d'éruptions variés.

Les différents dynamismes éruptifs sont représentés sur cette double page, à l'exception du type hawaiien (en page 39).
Page de droite : *type strombolien (Stromboli, Italie, avril 1979).*
Ci-dessus, de haut en bas et de gauche à droite : *type péléen (mont Saint Helens, États-Unis, 7 août 1980) ; type surtseyen (Vatnajökull, Islande, octobre 1996) ; type vulcanien (Tavurvur, Papouasie-Nouvelle-Guinée, août 1996) ; type (sub)plinien (Tungurahua, Équateur, novembre 1999).*

Ci-contre : *un « dyke », ancien filon d'alimentation volcanique, déchaussé par l'érosion, au Capelinhos, sur l'île de Fayal (Açores).*

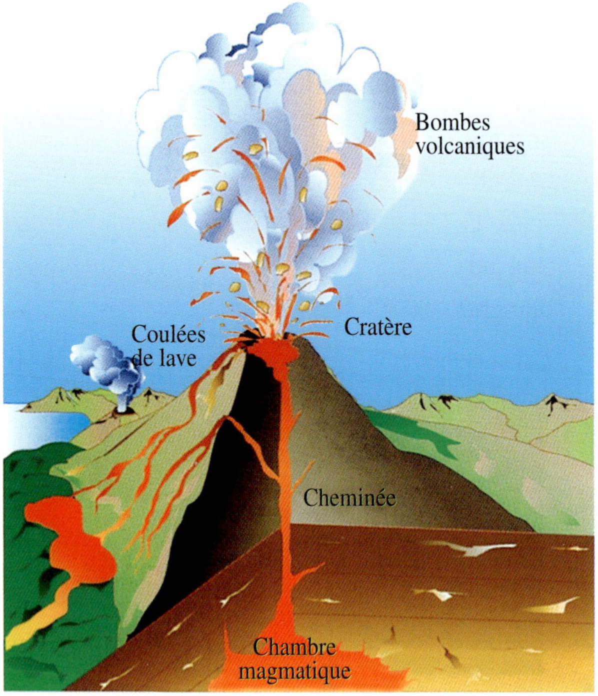

Éruption strombolienne

Éruption vulcanienne

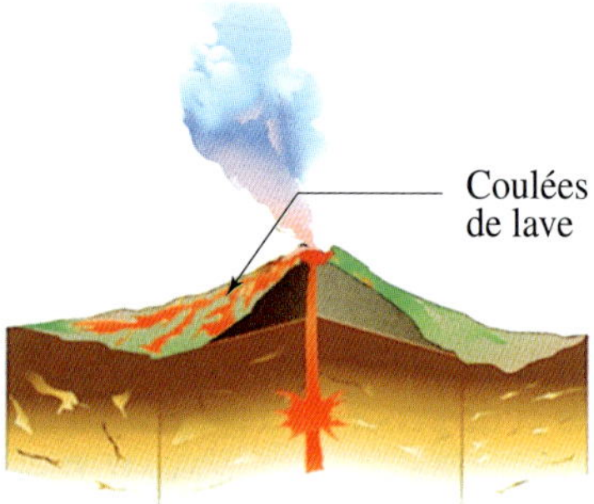

Éruption hawaiienne

Volcans rouges et volcans gris

On distingue schématiquement deux grands types de volcans. Les volcans rouges, qui produisent essentiellement des laves, liquides, sont appelés « effusifs ». Au contraire, les volcans gris, « explosifs », libèrent des tephra, c'est-à-dire des cendres, fines, des bombes, arrondies, des blocs, anguleux, et aussi des ponces, pierres volcaniques légères car contenant des bulles de gaz.

Mais un même volcan peut changer de dynamisme et de processus éruptif au cours des siècles. Ainsi, le Vésuve a enseveli

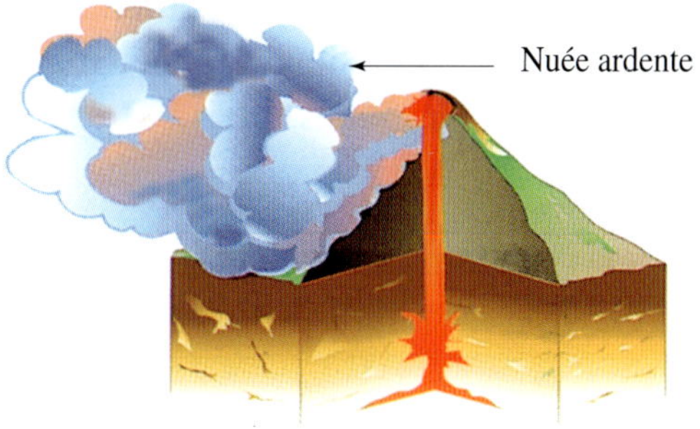

Éruption péléenne

Éruption plinienne

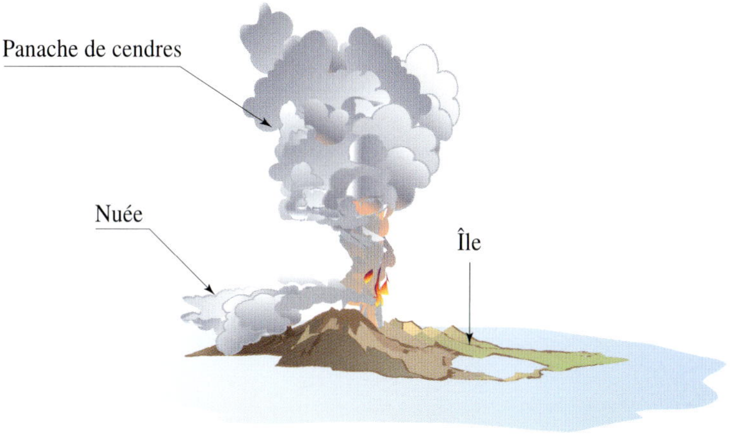

Éruption surtseyenne

Page de gauche et ci-dessus : *Les éruptions volcaniques résultent de la montée et de l'arrivée en surface du magma. On distingue schématiquement différents types. Les éruptions hawaiiennes libèrent des coulées de laves fluides. Les éruptions explosives sont de cinq formes : strombolienne, vulcanienne, surtseyenne, péléenne et plinienne (par ordre d'importance croissant) ; elles projettent des bombes et des cendres ou émettent des nuées ardentes.*

Pompéi sous des cendres et des ponces en 79 apr. J.-C. ; lors de sa dernière éruption en 1944, il a produit une coulée de lave relativement modeste.

Dans le détail, on distingue plusieurs types d'éruption (voir ci-dessus). Les éruptions hawaiiennes (définies d'après l'île d'Hawaii dans l'océan Pacifique) sont caractérisées par des laves très fluides, rouge-orange, qui s'écoulent parfois en véritables cascades. L'édifice, à pentes très faibles, de quelques degrés, s'appelle volcan-bouclier. Les éruptions stromboliennes

Ci-dessus : *Le Fuego de Colima au Mexique*

[d'après le Stromboli dans les îles Éoliennes en Italie] projettent verticalement des bombes incandescentes et libèrent parfois aussi des coulées de lave ; celles de type vulcanien [d'après le Vulcano, voisin du Stromboli] éjectent des cendres. Lors des éruptions pliniennes [en référence à l'éruption du Vésuve en 79 apr. J.-C. étudiée par Pline l'Ancien et Pline le Jeune], une gigantesque colonne de cendres et de ponces s'élève à des hauteurs atteignant plusieurs dizaines de kilomètres. Enfin les éruptions péléennes [d'après la montagne Pelée en Martinique] sont à l'origine de nuages brûlants de gaz et de cendres, les dangereuses nuées ardentes, qui progressent à des vitesses prodigieuses sur les flancs du volcan.

Il faut savoir que les volcans les plus nombreux sont situés sous les océans, ce qui n'est pas étonnant car les mers recouvrent 70 % de la surface de notre planète. Les volcans les plus profonds émettent des laves bien particulières, les fameuses pillow-lavas, et ne présentent aucun danger pour l'Homme. Par contre, les volcans situés sous seulement quelques dizaines de mètres d'eau sont particulièrement explosifs : c'est le type surtseyen, défini en 1963 en Islande, lors de l'émersion de l'île volcanique de Surtsey.

ON DÉNOMBRE EN MOYENNE **40 ÉRUPTIONS PAR AN** DANS LE MONDE, SUR LES CONTINENTS. LA PLUPART DURENT MOINS DE DEUX MOIS.

Roches et minéraux volcaniques

Les laves et les tephra ont des compositions chimiques variées, ce qui explique les nombreux noms donnés aux roches volcaniques. Le basalte, de couleur noire, est, de loin, la plus répandue au monde. L'andésite, grise, doit son nom à la cordillère des Andes. Le trachyte, clair, affleure bien au sommet du puy de Dôme ; la célèbre pierre de Volvic, intermédiaire entre les deux roches précédentes, est appelée trachyandésite. La dacite, claire, constitue le sommet de la montagne Pelée aux Antilles. La rhyolite présente des couleurs variées : blanche,

Ci-dessus : ***À Hawaii, la lave, d'une fluidité extrême, s'est solidifiée en une véritable « mousse ».***

Ci-dessus : *Lames minces de roches volcaniques, vues au microscope polarisant. Le secteur photographié mesure 4 à 6 millimètres de large.*
En haut à gauche : *trachyandésite.*
En haut à droite : *trachyte.*
En bas à gauche : *basalte à olivine.*
En bas à droite : *basalte « demi-deuil. »*

Page de droite : *Photos de cendres volcaniques (tailles : 70 à 300 microns) observées au microscope électronique à balayage (MEB).*
En haut et en bas à gauche : *verres de l'éruption du mont Saint Helens en 1980.*
En haut à droite : *verre « soufflé » de l'éruption du Bezymianny au Kamtchatka russe en 1956.*
En bas à droite : *verre ponceux de l'éruption de la montagne Pelée du 30 août 1902.*

rouge dans l'Esterel, plus rarement verte ; une variété, l'obsidienne, est noire et complètement vitreuse. La phonolite, gris clair, se débite en dalles appelées lauzes, qui résonnent sous les pas, comme l'indique le nom de la roche. On remarque que les noms des laves sont plutôt de genre féminin, avec quelques exceptions (basalte, trachyte). Une observation de détail permet de reconnaître dans ces roches des minéraux d'une taille atteignant parfois plusieurs centimètres ou restant inférieure au millimètre. Ce sont, pour la plupart, des silicates, composées majoritairement de silicium et d'oxygène. L'olivine, d'une belle couleur verte, contient également du magnésium et du fer. Les pyroxènes, noirs, contiennent du magnésium, du fer et parfois du calcium. Les amphiboles, elles aussi noires le plus souvent, ont des compositions variées avec du fer, du magnésium, du calcium, de l'aluminium, etc. La biotite, mica noir, renferme du fer, du magnésium, du potassium, de l'aluminium. Les feldspaths

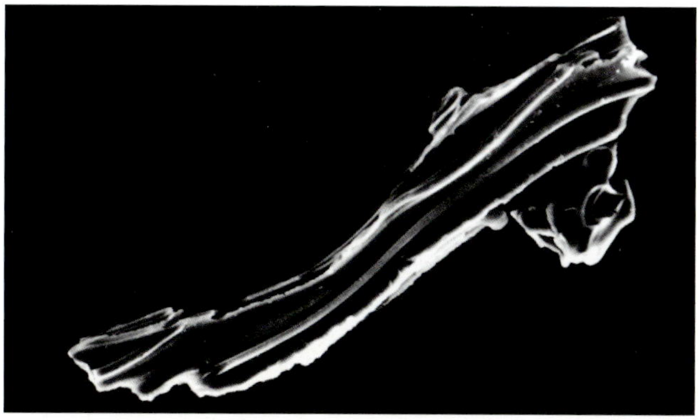

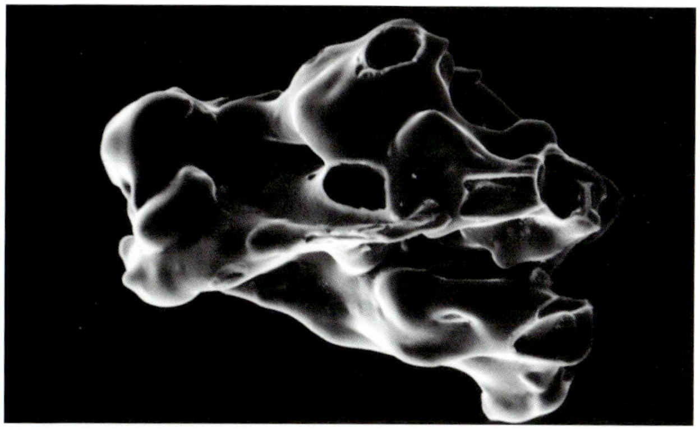

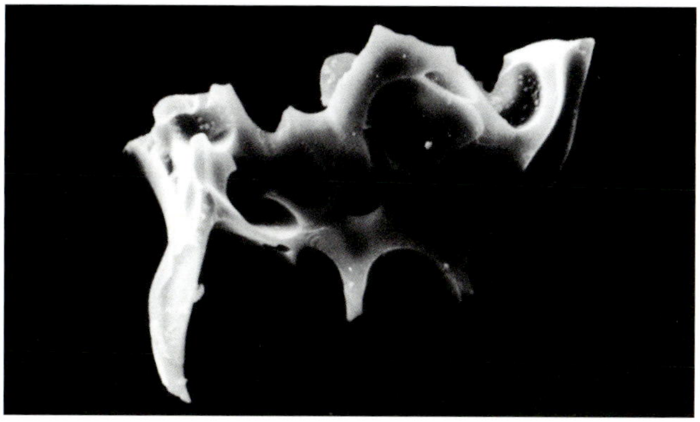

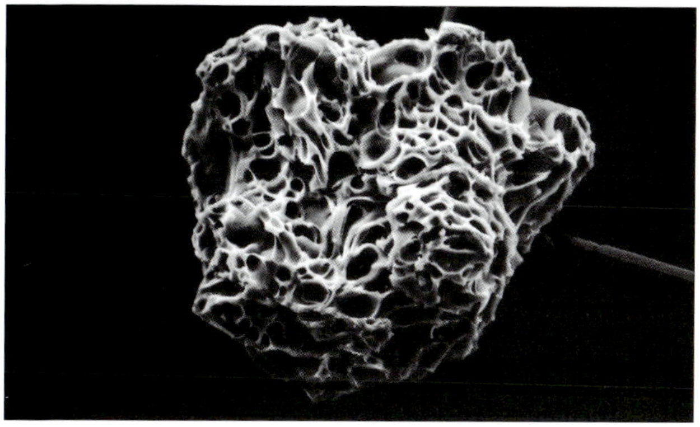

et les felspathoïdes, le plus souvent blancs, contiennent de l'aluminium, du calcium, du sodium ou du potassium ; mais on connaît aussi une variété de felspathoïde d'un joli bleu, appelée haüyne. Le quartz translucide est formé de silice pure (SiO_2). La magnétite et l'ilménite, noires, ne sont pas des silicates mais des oxydes de fer et de titane.

On trouve également parfois des géodes, cavités dont les parois sont tapissées de minéraux parfaitement cristallisés, parfois très beaux, telle l'améthyste violette, ou de couches concentriques d'agate, de calcédoine et d'opale multicolore. De la calcite et des zéolites blanches remplissent les petites fissures.

Les spécialistes étudient ces échantillons au microscope optique ou électronique et les analysent à l'aide d'une microsonde. Ils peuvent ainsi reconstituer l'histoire complexe du magma : de sa formation à son émission.

Ci-dessus : *Jacques-Marie Bardintzeff au laboratoire de pétrographie-volcanologie observe des lames minces de roches volcaniques au microscope.*

COULÉES ET LACS DE LAVE

Quand longtemps a grondé la bouche du Vésuve,
Quand sa lave écumant comme un vin dans la cuve, [...]
La lave se répand comme une chevelure
Sur les épaules du volcan.

Victor Hugo, « Dicté après Juillet 1830 »,
Les Chants du crépuscule.

Les volcans rouges sont incontestablement les plus fascinants, lorsqu'ils libèrent de la lave en fusion à plus de 1 000 degrés ! Fluide, elle s'écoule en rivières, parfois en cascades et parcourt jusqu'à plusieurs dizaines de kilomètres. Visqueuse, elle se recouvre d'une carapace de blocs et avance plus lentement mais toujours aussi inexorablement.
Exceptionnellement, le magma stagne dans un cratère pour former un lac de lave fondue. On ne connaît que quelques cas de ce phénomène dans le monde.

Kilauea, Hawaii, mars 1993

L'île d'Hawaii, située en plein cœur de l'océan Pacifique, est un véritable paradis de la volcanologie. Cinq édifices volcaniques s'y côtoient : les immenses Mauna Loa et Mauna Kea culminent respectivement à 4 170 et 4 206 mètres. Ce sont les plus grandes montagnes de la Terre, car leurs bases reposent sur des fonds océaniques profonds de 5 000 mètres, soit une hauteur totale de 9 000 mètres, supérieure à celle de l'Everest ! Le Mauna Loa entre en éruption tous les dix ans en moyenne alors que le Mauna Kea ne s'est plus manifesté depuis 4 500 ans. Le Kohala semble somnoler depuis plusieurs dizaines de milliers d'années et la dernière

Ci-dessus : *En avril 2001, le Kilauea à Hawaii libère exceptionnellement deux types différents de coulées en même temps : au premier plan, une coulée fluide* pahoehoe *et, à l'arrière-plan, une coulée visqueuse* aa.

éruption de l'Hualalai remonte à 1801. Par contre, le Kilauea [1 222 mètres] témoigne d'une activité quasi continuelle : en mars 1993, c'était précisément le but de notre mission, un vieux rêve pour moi. En effet, spécialiste des éruptions explosives, celles présentant pour l'Homme les plus graves dangers, je connaissais surtout des volcans gris, à cendres. Ce volcan rouge, à laves, me fascinait.
Le Kilauea abrite fréquemment un lac de lave, phénomène exceptionnel sur la planète Terre. En effet, ceci suppose un flux de chaleur profonde élevé et très régulier. S'il augmente, une éruption risque de vidanger le lac. Inversement, un refroidissement entraînerait sa solidification. On peut imaginer une marmite gigantesque sous laquelle le feu serait parfaitement réglé en douceur !

Ci-dessus : *La lave progresse souvent en grande partie dans un réseau de tunnels. Une lucarne, que l'on appelle un skylight, permet de l'apercevoir. Ici au Kilauea, à Hawaii, en avril 2001.*

L'éruption actuelle, majeure, du Kilauea a débuté le 3 janvier 1983 à 12 h 31. Elle se poursuit toujours plus de vingt ans après. Cinquante-cinq épisodes éruptifs se sont succédé. Quelque 2,3 kilomètres cubes de lave ont recouvert 110 kilomètres carrés et agrandi l'île de 220 hectares sur sa côte sud. Deux lacs de lave ont été successivement observés. Le Kupaianaha, apparu en juin 1986, a disparu lors de la phase éruptive d'avril-mai 1990. Un autre lac de lave a pris le relais début 1991 dans le cratère du Pu'u O'o, cône adventif du Kilauea, de 250 mètres de haut. Pu'u signifie « colline » en langue polynésienne par opposition à Mauna, « montagne », et O'o était un oiseau endémique des forêts de l'île. Ce lac, actif lors de notre mission en 1993, a lui aussi disparu, après avoir débordé plusieurs fois, en 1997.

Des torrents de lave

Nous décidons d'aller observer les coulées en contrebas, plus précisément sur la plage de Kamoamoa, là où elles arrivent dans la

mer, à 12 kilomètres du Pu'u O'o. L'approche est difficile sur ce terrain tout en creux et en bosses.

Ci-dessus : *Jacques-Marie Bardintzeff mesure la température (de l'ordre de 1 050 degrés) d'une coulée de lave fluide de type* pahoehoe *au Kilauea, à Hawaii, en avril 2001.*

Nous arrivons sur le champ de lave. La coulée active, large de quelques mètres, n'est pas constituée uniquement de liquide magmatique. Elle transporte aussi sur son dos et sur ses flancs des blocs solides de toutes tailles, équivalents en quelque sorte des moraines d'un glacier. Sa surface se refroidit rapidement au contact de l'air ambiant. Parfois, une croûte superficielle solide se forme, qui joue alors le rôle d'une gangue protectrice isotherme. La lave continue à couler en dessous. En fin d'épisode éruptif, elle abandonnera une sorte de tunnel rocheux. Ces tunnels miniatures ne mesurent que quelques mètres de longueur et quelques dizaines de centimètres de hauteur. Je les redoute car ils s'effondrent quand on marche dessus et des écailles rocheuses agressent les tibias ! D'autres tunnels ont au contraire plusieurs mètres de hauteur et plusieurs centaines de mètres de longueur, parfois plus : on peut s'y aventurer pour les explorer. La lave s'écoule en grande partie dans ce réseau complexe de tunnels, qui se percent, se rejoignent, s'anastomosent et se bouchent tour à tour, si bien qu'entre spécialistes de volcans, on parle de « plomberie magmatique ». Enfin, la lave ressort à l'air libre, parfois après plusieurs kilomètres parcourus à quelques mètres seulement sous la surface.

Fasciné, j'observe la coulée qui avance par émission de lobes de lave successifs. J'estime sa vitesse à environ un mètre à la minute, ce qui correspond à un débit soutenu. La coulée se laisse approcher et je m'amuse à en prélever un petit lambeau encore en fusion avec mon marteau mais la chaleur est intolérable. Je prélève un dernier échantillon de roche tout juste refroidi, donc parfaitement daté, au jour et à l'heure près. Je le numérote soigneusement et l'emballe pour le rapporter avec les autres et en faire l'analyse chimique dans le laboratoire de pétrographie dès mon retour en France. Avec ces échantillons, mon sac à dos pèse une vingtaine de kilos supplémentaires.

La coulée termine son parcours terrestre : les torrents de lave atteignent la mer...

Ci-dessus : *À Hawaii, la lave fluide a entouré les troncs d'arbres et les a littéralement pétrifiés, formant ainsi une véritable forêt fantôme.*

L'eau et le feu, un corps à corps explosif

Le contact de l'eau et du feu, deux des éléments fondamentaux, est véritablement dantesque ! Nous sommes sur nos gardes. L'eau surchauffée, qui passe de l'état liquide à l'état de vapeur, voit son volume augmenter brusquement dans des proportions considérables. Des volutes blanches de vapeur s'échappent en tourbillonnant. Il en résulte de véritables explosions, qui se succèdent dans un fracas sourd. Des paquets de lave rouge éjectés voltigent tout autour et nous menacent. Les scientifiques décrivent ce phénomène, généré par le contact de l'eau et de la lave, par le terme d'« hydrovolcanisme » ou encore de « phréatomagmatisme ». En progressant à l'état liquide, puis en se solidifiant, les coulées ont constitué une véritable plate-forme surplombant la mer. Mais celle-ci menace de s'effondrer à chaque instant car la mer en sape furieusement le pied.

Par endroits, la lave coule en filets continus dans la mer. Sa fluidité exceptionnelle résulte de sa composition chimique basaltique, pauvre en silice, et de sa température particulièrement élevée, dépassant parfois 1 100 degrés, comme l'indique le thermomètre spécial que j'ai plongé dedans. Au contact de l'eau froide, la lave forme des boules. Elle crache furieusement, siffle, se tord et s'enroule comme un serpent. La mer bouillonne, se vaporise puis se retire comme à regret. La lave lance un dernier éclair rouge, œil d'un cyclope agonisant, car, quelques secondes plus tard, les vagues reviennent, obstinées, et emportent un paquet rocheux noir et fumant. Un nouveau lambeau de lave se présente, vengeur, prêt à relever l'affront fait à son prédécesseur. Quelques minutes plus tard, il a subi le même sort. Sans discontinuer, les assauts laviques se poursuivent toute la soirée.

L'enfer dans la chaleur de la nuit

Nous passons plusieurs heures sur ce site. La côte s'embrase. La chaleur est infernale, suffocante. Les semelles de mes chaussures fondent et, souvent, je dois me tenir sur une seule jambe, pour « économiser » l'autre, un peu à la manière des oiseaux échassiers. Les pieds de nos appareils photos fondent également. La bagarre entre l'eau et le feu continue de plus belle : aucun des deux éléments ne veut céder.

La nuit est tombée depuis longtemps. Rejoindre notre camp de base et traverser de nouveau dans l'obscurité ce terrain rempli de pièges nous semble au-dessus de nos forces. Avec mes compagnons, nous décidons de dormir sur la plage, à la belle étoile. Le ciel est magnifique et nous repérons une crique proche, épargnée par les laves. La nuit est bonne. Allongés sur le sable noir, constitué de particules fines de roches volcaniques, nous sommes bercés par les roulements des vagues de l'océan Pacifique, conjugués aux explosions du magma. Mes rêves sont, bien sûr, remplis de lave à ras bord. Je repense aussi à ma nuit précédente, quand nous avons campé au bord du lac de lave. Un rougeoiement complètement irréel éclairait alors la toile de tente. La réalité rattrape mon

Ci-dessous : *À Hawaii, en mars 1993, le front de la coulée de lave atteint la plage de Kamoamoa. L'eau de mer se vaporise à son contact. L'eau et le feu, deux éléments déchaînés, se livrent un combat de titans.*

rêve en permanence. De temps à autre, une déflagration plus violente me réveille et me permet de vérifier la rotation céleste des constellations. Et déjà les premières lueurs du jour apparaissent. Les éléments poursuivent leur lutte. L'eau et le feu sont maintenant intimement liés à la terre et à l'air : vont-ils enfin s'apaiser, conclure un pacte ?

Le jour se lève sur le champ de lave

Au petit jour, nous partons étudier en détail l'immense champ de lave. Les coulées, figées pour l'éternité, sont de deux types. Certaines ont une surface chaotique, hérissée d'épines rocheuses, rendant la marche malaisée et les chutes douloureuses. D'autres au contraire, planes mais plissotées, miment des amas de cordes, parfois des draperies somptueuses. Les Hawaiiens ont nommé les premières *aa* et les secondes *pahoehoe* : ces termes sont maintenant entrés dans le langage volcanologique international.

Nous nous offrons un temps d'arrêt sur une grande dalle, quand, stupeur ! la dalle bouge puis s'incline. À deux mètres de nous, la lave couleur rouge cerise s'épanche d'une fissure ! Elle coulait à quelques décimètres sous nos pieds. Le monstre volcanique saigne de toutes ses veines en soupirant.

Page de droite : ***À Hawaii, une coulée de lave s'est solidifiée en formant des plis qui ressemblent à un amas de corde, d'où son nom de lave cordée.***

En faisant demi-tour, nous constatons que la lave incandescente a mis le feu à la végétation composée de broussailles et de quelques palmiers. Un rideau de flammes rend toute retraite impossible : d'un côté le feu, de l'autre la mer ! Notre situation est sûrement exceptionnelle mais peu enviable dans l'instant. Soudain, tels des extraterrestres, des pompiers sortent des volutes de fumée. Ils nous font signe de les suivre. Avec une telle escorte, nous nous sentons en sécurité et nous traversons le brasier. Nos masques à gaz nous sauvent de l'étouffement mais la sueur nous coule dans les yeux. De l'autre côté, sur la route coupée par la lave, des touristes nous accueillent par des applaudissements et nous pressent de questions : nous devenons les vedettes du jour.

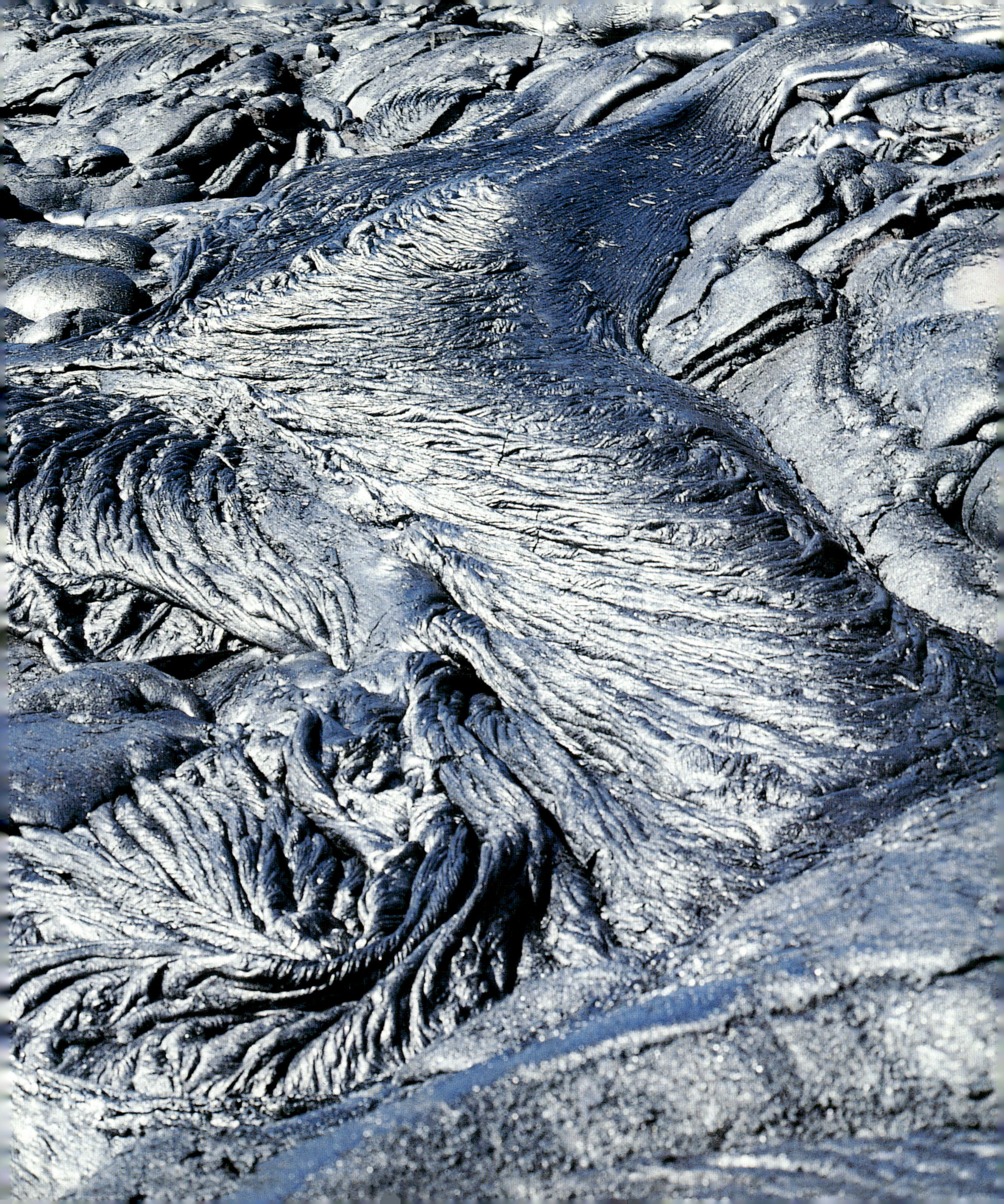

Mont Cameroun, Cameroun, avril 1999

Le 28 mars 1999, le mont Cameroun, situé dans le pays du même nom, se réveille, après dix-sept ans de repos. Il s'agit d'un volcan géant, culminant à 4 095 mètres. Il se situe au milieu de la grande Ligne volcanique du Cameroun, qui s'étend sur 2 000 kilomètres du lac Tchad au nord-est jusqu'aux îles du golfe de Guinée au sud-ouest. Des séismes ont annoncé son réveil. De magnitudes faibles, ils ont cependant détruit des maisons à Bokwaongo dans la région de Buéa (sur le flanc sud du volcan) car leurs foyers (hypocentres) étaient relativement proches de la surface.

Je me rends sur place, où je retrouve des volcanologues camerounais avec lesquels je collabore depuis plus de dix ans. Une fissure s'est ouverte sur le flanc sud-ouest à l'altitude de 2 650 mètres. Nous montons une petite expédition pour l'atteindre. Une dizaine de porteurs nous accompagnent. Il faut d'abord traverser une forêt équatoriale luxuriante puis on arrive à l'étage des savanes herbacées. Au soleil couchant, on rejoint la fissure éruptive, véritable balafre bordée de nouveaux petits cônes volcaniques de quelques dizaines de mètres de hauteur, édifiés en quelques jours. En fait, l'émission de lave est en train de se tarir. Nous en prélevons des échantillons pétrifiés mais encore brûlants. Des gaz chargés de cendres noires s'échappent avec un bruit de réacteur d'avion. Le crépuscule permet d'observer les premières bombes incandescentes violemment éjectées. Nous montons nos tentes à l'abri, dans un ancien petit cratère. Un feu de bois égaye la nuit étoilée, glaciale à cette altitude. Nous redescendons le lendemain.

Une nouvelle fissure qui libère des flots de lave s'est ouverte en contrebas à l'altitude de 1 400 mètres. Ceux-ci progressent régulièrement sur une longueur de 10 kilomètres pour une largeur de plusieurs centaines de mètres. Ils ne sont plus situés qu'à quelques centaines de mètres de la région civilisée. Ils menacent des plantations de bananiers, une usine de traitement d'huile de palme, voire même une raffinerie de pétrole située plus loin. Ils risquent aussi de couper l'importante route, qui longe la mer entre Limbe au sud-est et Idenau au nord-ouest, plus précisément entre

Ci-dessus : *Lors de l'éruption du mont Cameroun en avril 1999, une fissure supérieure (altitude 2 650 mètres) libère des gaz et de la cendre. Plusieurs petits cônes volcaniques se sont édifiés le long de celle-ci.*

Batoké et Bakingili. Une partie de la population serait alors isolée. Chaque soir, nous nous réunissons entre spécialistes et nous rencontrons les autorités pour faire le point et envisager une évacuation. Chaque matin, nous constatons que la lave a encore progressé. Le front de la coulée relativement visqueuse, qui mesure 20 à 30 mètres de haut, avance telle une chenillette. Des blocs incandescents, gros comme des automobiles, dévalent, se brisent dans un bruit de vaisselle cassée en révélant leur cœur lavique rouge-orange et mettent le feu à la végétation. Des centaines d'hectares de forêts et de plantations sont en flammes.

L'armée a décidé de couper la route. Juste avant, nous avons assisté à un ballet de voitures chargées au maximum : les personnes situées à l'ouest, du mauvais côté, rejoignaient la zone est, plus sûre.

La lave, maintenant en bord de route, semble hésiter à la traverser. La population observe silencieusement, plus admirative qu'effrayée. Le jeudi soir 15 avril, un premier bloc incandescent tombe sur la route. Le lendemain matin celle-ci est barrée sur 100 mètres par la coulée. Un survol en hélicoptère nous permet de suivre cette longue langue rocheuse, depuis son lieu d'émission jusqu'à son extrémité. Par une sorte d'ironie du sort, l'éruption s'arrête le lendemain ; la coulée longue d'une dizaine de kilomètres aura parcouru quelques dizaines de mètres de trop. Mais déjà les habitants ont saisi pelles, pioches et brouettes pour construire une nouvelle déviation de la route qui contourne le front de la coulée encore fumante. La catastrophe humaine n'a pas eu lieu.

À gauche et ci-dessus : *Au mont Cameroun en avril 1999, le front de la coulée de lave, produite par la fissure inférieure (altitude 1 400 mètres), progresse obstinément en brûlant la végétation. Puis elle coupe la route côtière.*

La plus longue coulée de lave mesure 160 kilomètres et résulte de l'éruption de Roza il y a 14,7 millions d'années, dans la région de Columbia River dans le nord-ouest des États-Unis. Une coulée d'une longueur identique est également connue dans la région d'Undara en Australie.

Ci-dessus : *Le cône de l'Ol Doinyo Lengai en Tanzanie culmine à 2 886 mètres.*

Ol Doinyo Lengai, Tanzanie, avril 1996

En Tanzanie, l'Ol Doinyo Lengai est la montagne sacrée des Masaïs. Son cône régulier culmine à 2 886 mètres dans la partie septentrionale du pays, au bord de la Gregory Rift Valley, entre le lac Natron au nord et le lac Manyara au sud. Le volcan domine des savanes, qui s'étendent à perte de vue, domaine des grands animaux : éléphants, girafes, etc. À une quinzaine de kilomètres au nord, le lac Natron, recouvert d'une croûte blanche de dépôts de sel, apparaît souvent complètement rose car c'est le lieu de rassemblement des flamants.

Ce volcan actif, unique au monde, doit sa célébrité à ses laves si particulières, de compositions carbonatées. Une importante activité effusive a eu lieu en juin 1988, puis une éruption s'est déclenchée en juin 1993. Depuis, l'activité reste soutenue et fort variée.

Ascension du volcan

Dans l'obscurité de notre camp de base de Ngaraserro, au pied du volcan, nous effectuons les derniers préparatifs car nous avons décidé de passer trois jours au sommet, dans le cratère.

Il ne faut rien oublier : équipement, nourriture et surtout de l'eau car nous n'en trouverons pas une seule goutte au sommet. La nuit sera courte, le départ est programmé à 3 heures du matin. Notre petite caravane s'ébranle, des porteurs masaïs nous aident, le volcan reste complètement invisible dans cette nuit opaque. La pente, douce et herbeuse au départ, s'accentue de plus en plus. On doit éviter les nombreux canyons qui entaillent la montagne en un véritable enchevêtrement.

Les premières lueurs du jour apparaissent et brusquement les rayons du soleil nous dévoilent la Rift Valley et ses somptueuses couleurs matinales. Par contre, le sommet du volcan, encore encapuchonné de nuages, semble vouloir garder son mystère. Des macaques décident de nous accompagner mais restent prudemment à quelques dizaines de mètres. Nous voyons leurs silhouettes se détacher sur le ciel orangé. La dernière partie de l'ascension est la plus délicate. Elle s'effectue sur un terrain en pente très raide, particulièrement instable. Des pierres chutent à tout moment et voltigent en sifflant autour de nous : par sécurité nous mettons nos casques. Une large échancrure rocheuse forme une sorte de porte naturelle, passage obligé pour accéder au royaume des dieux. Les nuages se sont envolés.

Ci-dessus : *Jacques-Marie Bardintzeff au sommet de l'Ol Doinyo Lengai, en compagnie d'un porteur masaï dont l'aide fut précieuse.*

Au sommet, la découverte du cratère

Après six heures d'ascension, nous découvrons d'un seul coup le cratère sommital, parfaitement circulaire, de 300 mètres de diamètre et d'environ 50 mètres de profondeur. Des fumerolles abondantes s'échappent de sa lèvre nord. D'importantes fissures

Ci-dessus : *Le sommet du Lengai est occupé par un cratère circulaire de 300 mètres de diamètre, à l'intérieur duquel se dressent plusieurs* hornitos, *des volcans miniatures.*

rayonnantes balafrent son fond plat. À l'intérieur du cratère, une vingtaine de petits cônes, appelés *hornitos* (mot signifiant « petit four » en espagnol), se côtoient. Nous trouvons un emplacement judicieux pour nos deux petites tentes, sur une plate-forme située à mi-hauteur de la paroi du cratère où nous serons à la fois protégés du vent et au-dessus d'éventuels nuages de gaz toxiques. Nous libérons nos porteurs, qui redescendent en courant, riant comme des enfants. Nous nous retrouvons tous les quatre, perchés entre ciel et terre. Nous entendons le volcan qui ronfle, tel un gigantesque animal assoupi. Parfois il râle, s'étrangle, tousse et crache. Sans tarder, nous partons visiter cet étrange cratère. Nous

avançons prudemment entre les petits cônes car le terrain, crevassé par endroits, pourrait s'effondrer sous nos pas. Nous arrivons au pied du cône le plus actif. Haut d'une vingtaine de mètres, il libère un liquide noir, qui sort en cascades furieuses : de la lave couleur d'encre ! Le flot s'écoule à grande vitesse, puis devient visqueux, se traîne et se fige au bout d'une centaine de mètres. Cette petite coulée se durcit rapidement et le lendemain nous la retrouvons complètement altérée, de couleur blanche. Nous escaladons le cône actif, du côté opposé à la cascade, pour apercevoir l'intérieur. Encapuchonné mais ouvert d'un côté, il renferme un lac de lave noire d'une dizaine de mètres de diamètre, qui bout furieusement. Il projette des gerbes liquides à plusieurs mètres de hauteur.

Une lave en activité très changeante

La nuit sous la tente, avec un superbe orage magnétique, est vraiment étonnante. Le lac de lave clapote avec un bruit de vague : on se croirait au bord de la mer ! Les jours suivants, nous découvrons les autres *hornitos*, actifs à tour de rôle. Un nouvel *hornito* est entré en activité. Il émet de petites fontaines intermittentes de lave, à plusieurs mètres de hauteur. La lave expulsée se désagrège en paquets et en gouttelettes. Des crises de 2 minutes environ, libérant de vingt à trente jets, sont séparées par des périodes de repos de 15 à 20 minutes. Une libération intense de gaz, très sonore, suit la crise. Puis le phénomène s'amplifie et la lave sort en continu durant chaque crise.

Ci-dessus : *Le cratère du Lengai le matin.*
À gauche : *À l'intérieur du cratère du Lengai, un* hornito *libère un jet quasi continu de lave noire très fluide.*

Ci-dessus : *Dans le cratère du Lengai, un petit* hornito *abrite un lac de lave en fusion.*

L'activité se modifie sans cesse, permettant quantité d'observations fructueuses. C'est en quelque sorte un volcan laboratoire miniature, qui vit en accéléré !

Les laves du Lengai, appelées carbonatites car constituées de carbonates, diffèrent totalement de tous les autres magmas terrestres connus, de nature silicatée. Ceci se traduit par des propriétés physico-chimiques bien originales : la lave en fusion, d'une température de l'ordre de 500 degrés, au lieu de 1 000 degrés pour un magma basaltique typique, est de couleur noire et a une fluidité extrême. Après refroidissement, elle s'altère très rapidement, en moins d'une demi-journée, et prend une couleur blanche.

L'action des fumerolles en transforme certaines en produits ocre. L'origine de ces laves constitue une énigme passionnante pour les volcanologues : il semblerait que deux magmas se séparent spontanément en profondeur, un peu comme l'huile et le vinaigre. Au sein de la chambre magmatique, le magma carbonaté, minoritaire, se sépare du magma basaltique, puis se rassemble au-dessus de lui pour jaillir.

Ci-dessus : *À l'Ol Doinyo Lengai, un lac de lave noire, d'une dizaine de mètres de diamètre, bouillonne furieusement.*
Ci-contre : *Les coulées de carbonatites du Lengai, très fluides, se figent rapidement et prennent une jolie teinte argentée.*

Rivières et fontaines de feu

Ci-dessus :
Coulée de lave fluide au Kilauea, à Hawaii, en avril 2001.

Les coulées de lave constituent une manifestation classique mais particulièrement spectaculaire de l'activité volcanique. Le magma arrive en surface à l'état liquide, le plus souvent grâce à une fissure latérale du volcan. Il se dégaze et devient une coulée de lave qui descend les flancs de l'édifice. Plusieurs paramètres physiques (sa composition chimique et sa température notamment) gouvernent son comportement. La topographie des lieux joue, bien évidemment, un grand rôle : une pente forte et un dénivelé important favorisent la progression de la coulée. Les coulées s'épanchent dans les points bas ou les vallées et atteignent une longueur de quelques kilomètres à plusieurs dizaines de kilomètres.

Les laves basaltiques, à une température comprise entre 1 000 et 1 100 degrés, les plus fluides, coulent telles des rivières de feu. La vitesse atteint parfois plusieurs dizaines de kilomètres à l'heure près de l'orifice d'émission, puis décroît. La lave d'une grande fluidité, à Hawaii par exemple, peut se solidifier en gouttelettes ou s'étirer en longs filaments d'une finesse extrême, appelés « larmes et cheveux de Pelé », du nom de la déesse hawaiienne du feu.

D'autres laves, un peu moins chaudes, de 900 à 1 000 degrés, plus visqueuses et chargées de blocs, avancent plus laborieusement à quelques mètres à l'heure. Ceci permet aux personnes menacées de prendre la fuite. Les laves ne tuent personne, sauf imprudence. Par contre, elles détruisent tout sur leur passage : maisons, routes, ponts, cultures...

Les laves se durcissent très vite mais restent chaudes longtemps. Certains racontent que l'on peut parfois allumer une cigarette sur une coulée de lave épaisse d'une vingtaine de mètres et vieille d'un an !

Une fois solidifiées, les coulées de lave prennent des formes bien particulières. Les laves fluides se recouvrent d'une sorte de peau figée, qui se plisse : l'ensemble mime un amas de corde, d'où le nom de lave cordée. On dit aussi lave *pahoehoe*, terme hawaiien signifiant qu'il est possible de marcher dessus (même pieds

nus mais, bien sûr, après le refroidissement de la coulée !). Les laves visqueuses, appelées *aa*, ont une surface chaotique (les « cheires » auvergnates), sur laquelle il est difficile de progresser. La lave coule aussi de façon souterraine, formant de véritables tunnels, de tailles très variées, dont le plafond est couvert de stalactites de laves solidifiées. La plus longue cavité de ce type, Kazumara Cave à Hawaii, mesure 59,22 kilomètres. Sur l'île de Lanzarote, dans l'archipel des Canaries, un important réseau de tunnels sous-laviques, répartis sur plusieurs niveaux, s'échappe du volcan de la Corona. Les Jameos del Agua et les Cuevas de los Verdes ont été aménagés pour des visites par le public.

Au cours de certaines éruptions, la lave jaillit en véritables fontaines à débit quasi continu. La hauteur de la gerbe écarlate atteignait 500 mètres en 1959 au Kilauea et 1 500 mètres en 1986 sur l'île Izu-Oshima au Japon !

Ci-dessus : *Sur l'Etna, une coulée s'est pétrifiée au cours de son trajet en formant des « boudins ».*

Erta Ale, Éthiopie, janvier 2003

Ci-dessus : *Le lac de lave de l'Erta Ale, en Éthiopie, en janvier 2003. Il mesure 180 mètres de long et se situe à 100 mètres de profondeur sous les lèvres du cratère. Une pellicule de lave solidifiée recouvre le lac. Elle se déchire par endroits, révélant la lave incandescente sous-jacente, témoin des mouvements de convection du lac. Le dégazage est important. Un tel lac de lave suppose un flux de chaleur intense et régulier.*

Le responsable de Terra Incognita, société spécialisée dans l'organisation de voyages de découverte de la nature, me demande d'être conseiller scientifique et pédagogique d'une expédition exceptionnelle. Le but est d'atteindre et d'observer le lac de lave du volcan Erta Ale en Éthiopie, le seul actuellement actif en permanence sur la planète.

Cette région, appelée le triangle des Afars, située à cheval sur l'Est éthiopien et la république de Djibouti, constitue une zone-clé pour la compréhension de la tectonique des plaques. En effet, trois structures géologiques majeures s'y rejoignent : au nord, la mer Rouge, qui prolonge la dépression du Jourdain, le golfe d'Aqaba et le golfe de Suez ; à l'est, la dorsale de Carlsberg de l'océan Indien, qui pénètre dans le golfe d'Aden jusque dans la région de Tadjoura à Djibouti ; au sud, le fossé du rift est-africain et ses grands lacs d'effondrement. Leur jonction a été favorisée par l'activité d'un point chaud, il y a 30 millions d'années. Celui-ci a induit l'épanchement d'une gigantesque quantité de laves, constituant des empilements de coulées (appelés *trapps*, d'un mot suédois signifiant « escalier ») de plus de 2 kilomètres d'épaisseur, visibles sur les hauts plateaux d'Éthiopie et du Yémen. Depuis, la région ne cesse de s'écarter par « rifting », annonçant la naissance d'un futur océan, que l'on peut encore observer « à pieds secs ».

Départ le 1er janvier. Djibouti constitue la première étape de notre périple. Ce petit pays est coupé par le rift, orienté nord-ouest - sud-est. La mer y pénètre par le sud, jusqu'au Ghoubbet al Kharâb, d'où émergent les îles du Diable, d'origine volcanique. Le lac Assal le prolonge. Il est recouvert, sur la moitié de sa surface, par une banquise de sel, d'une blancheur immaculée, épaisse de 60 mètres. On y trouve du gypse, sulfate de calcium, parfaitement cristallisé en forme de fer de lance. Nous dormons une nuit sur cette croûte salée, sous un beau ciel étoilé, à l'altitude de –155 mètres sous le niveau de la mer ! Cette région est très active du point de vue géologique, tectonique, sismique et volcanique. En novembre 1978, le volcan Ardoukoba a fait éruption. Cette crise magmatique

s'est traduite, localement, par un écartement de 2,40 mètres, par un effondrement du plancher du rift de 70 centimètres et par un relèvement des bordures de 18 centimètres.
Au sud du pays, au lac Abhé, royaume des flamants roses, on peut observer d'étranges cheminées calcaires, d'origine hydrothermale, hautes de quelques mètres à quelques dizaines de mètres. Elles libèrent quelques fumerolles et des sources brûlantes, que je prélève pour de futures analyses chimiques.

La plus petite éruption résulte d'un forage géothermique en 1977 en Islande dans la région du volcan Krafla ; elle a produit 1,2 mètre cube soit 3 tonnes de lave.

La marmite du diable

La deuxième étape doit nous conduire à l'Erta Ale. Cette région, très difficile d'accès, est restée longtemps fermée lors du conflit en Erythrée. Nos problèmes administratifs commencent dès le poste frontière, entre Galafi et Aouli, pour obtenir les autorisations nécessaires. Pour des raisons de sécurité, des soldats, armés de fusils Kalachnikov, nous accompagnent. La piste est longue, rude, malaisée, poussiéreuse sous le soleil de plomb ; nous nous ensablons régulièrement. De mini-tornades forment des tourbillons de sable appelés « sorcières ». Les seuls points d'eau sont des mirages ! Une oasis de fraîcheur nous accueille à mi-parcours, à Asaïta, au bord de la rivière Awash. Dans un décor biblique, digne du paradis terrestre, les animaux vivent paisibles : zébus, crocodiles, varans, marabouts, ibis, rapaces. Plus loin, nous admirons, vers Gad'êlu, une colline entièrement constituée d'obsidienne, noire et vitreuse. Nous quittons la plaine de Dodom, située 50 mètres sous le niveau de la mer, et roulons maintenant, à moins de 10 kilomètres à l'heure, dans un véritable champ de laves pétrifiées. Puis nous atteignons, enfin, le camp de base, au pied du volcan. Il nous aura fallu cinq jours d'approche.

Ci-dessus : *En mars 1993, le cratère du Pu'u O'o, sur les flancs du Kilauea, est occupé par un lac de lave de 80 mètres de diamètre, aujourd'hui disparu.*

Un dernier ravitaillement, du thé, et nous partons, à pied, vers 19 h 30, pour les douze derniers kilomètres. Il faut compter quatre heures de marche en montée régulière. La Lune, presque pleine, nous éclaire suffisamment. Au sommet nous installons rapidement un campement sommaire. Nous sommes très impatients d'aller voir si le lac de lave est bien au rendez-vous. Effectivement, on le devine au fond de son puits mais il est masqué par les gaz abondants. De temps en temps, il se dégage par endroits, révélant son contenu magmatique rouge vif, qui éclaire l'ensemble de l'intérieur du cratère. Vers 5 heures du matin, nous regagnons notre campement.

Réveil dès 7 heures par les rayons du soleil. La caravane de dromadaires arrive, avec notre ravitaillement : surtout de l'eau car il faut prévoir 10 litres par personne et par jour. Je découvre le site. Le volcan Erta Ale (ce qui signifie « la montagne qui fume ») culmine à 613 mètres. Son sommet est occupé par une caldeira d'effondrement (grand cratère) ovale, de 1,6 kilomètre de long, 700 mètres de large et de quelques dizaines de mètres de profondeur. Je propose à l'équipe d'y descendre et d'en faire le tour. Elle renferme deux cratères. Le cratère nord, de 400 mètres de diamètre, dégaze abondamment. Le cratère sud, plus petit, d'environ 200 mètres de diamètre, renferme le fameux lac de lave, presque invisible durant la journée. Durant notre parcours dans ce véritable musée volcanologique, nous observons aussi des laves solidifiées, plissées, « cordées », un *hornito*, volcan miniature posé sur une coulée, des minéraux aux couleurs ocre étranges (« sublimés »), déposés par les fumerolles, des argiles rouges d'altération.

La chaleur devient intolérable. Nous nous abritons sous des toiles tendues. Puis le soleil décline et les dromadaires nous quittent car ils ne peuvent pas marcher de nuit sur ce terrain accidenté. Nous repartons voir le lac de lave. Cette fois, les conditions d'observation apparaissent bien meilleures. Le lac occupe la partie ouest du puits. De forme elliptique, il mesure environ 180 mètres de long ; son niveau se situe à 100 mètres de profondeur. Une plate-forme de laves récentes durcies se

Les plus fortes éruptions effusives (laviques)

- Le Laki en Islande a produit 15 kilomètres cubes de lave en neuf mois, en 1783-1784.
- Les *trapps* du Deccan, dans l'ouest de l'Inde, sont un empilement de coulées de lave, sur 3 kilomètres d'épaisseur, vieilles de 66 millions d'années, qui ont recouvert, en 500 000 ans, une surface de la taille de la France. Leur volume est estimé à 2 millions de kilomètres cubes, auxquels il faut ajouter une importante quantité sous la mer, sans oublier toutes les roches érodées depuis.

situe en position intermédiaire, à 50 mètres de profondeur ; elle occupe un quart de la surface du puits, dans son secteur est, et semble mal stabilisée. Un dégazage anormalement abondant masque souvent la surface du lac. La couleur bleutée des volutes et la forte odeur piquante témoignent de la présence significative de dioxyde de soufre. Le lac apparaît très dynamique, perpétuellement brassé par d'intenses mouvements de convection. La pellicule rouge sombre de lave figée, qui le recouvre, se déchire régulièrement et laisse s'épancher un liquide couleur d'or fondu. Des fontaines de lave, hautes d'une quinzaine de mètres, jaillissent à des températures supérieures à 1 200 degrés.
Vers 23 heures, il est temps pour nous de redescendre, fatigués mais comblés par ce pèlerinage géologique vers ce lac de lave pérenne, phénomène unique au monde actuellement. À 2 heures du matin nous retrouvons le camp de base. Après deux nuits très courtes, il est inutile de nous bercer.

Un phénomène exceptionnel

Un lac de lave, en fusion dans un cratère, constitue le phénomène volcanique le plus spectaculaire mais il reste exceptionnel. On ne connaît que quelques rares cas récents dans le monde : le Kilauea à Hawaii où l'on a mesuré une température maximale de 1 215 degrés, l'Erta Ale en Éthiopie, le Nyiragongo au Congo (ex-Zaïre) et l'Erebus dans l'immensité glacée de l'Antarctique. À Hawaii, le premier lac de lave connu, le Halemaumau, « la maison du feu éternel », est resté en fusion pendant un siècle, de 1823 à 1924. À l'époque, il constituait un lieu de promenade privilégié pour les gentilshommes et leurs épouses !
Mais la plupart des lacs de lave ne restent pas visibles en permanence car leur niveau varie fréquemment. Ceux qui se succèdent au Masaya au Nicaragua ou au Bembow et au Marum dans l'île d'Ambrym de l'archipel des Nouvelles-Hébrides (Vanuatu) ont une vie parfois très courte, de quelques jours seulement. C'est une chance unique de les observer.

Ci-dessus : *Le site de Kalfaströnd en Islande est tout à fait unique. D'un ancien lac de lave solidifié, il ne reste que ces piliers rocheux, envahis par le lac Myvatn, où il fait bon canoter.*

BOMBES INCANDESCENTES ET PANACHES DE CENDRES

Enfin cette noire vapeur se dissipa, comme une fumée ou comme un nuage… Tout se montrait changé à nos yeux troublés encore. Des monceaux de cendres couvraient tous les objets, comme d'un manteau de neige.

Pline le Jeune, *Lettre à Tacite.*

Les volcans gris apparaissent sournois. Ils semblent dormir durant de longs siècles, voire des millénaires, et se font oublier. C'est pour mieux préparer un réveil souvent cataclysmal. Ils éjectent quantité de bombes et de cendres qui recouvrent des superficies importantes. L'énergie libérée est parfois bien supérieure à nos plus puissantes bombes atomiques.

Paricutin, Mexique, janvier 1997

Ci-dessus : *Le cône parfait du Paricutin au Mexique, qui mesure 424 mètres et culmine à 2 800 mètres, s'est édifié en 9 ans, de 1943 à 1952.*

Le 22 janvier 1997, je réalise un de mes vieux rêves de volcanologue : visiter le fameux Paricutin avec des amis géologues mexicains. Par le hublot de l'avion bimoteur, j'admire dans le soleil matinal la forme parfaite de son cône haut de 424 mètres, qui culmine à près de 3 000 mètres. Un cratère tout rond occupe son sommet. Du volcan s'échappent des langues de lave solidifiée, qui recouvrent une grande partie du paysage alentour.

De l'aéroport de Uruapan, il faut parcourir une trentaine de kilomètres en voiture tout-terrain, dont la moitié sur une mauvaise piste, au milieu des laves scoriacées. Quand le chemin se rétrécit, il faut bien s'arrêter et j'apprends que nous devons continuer à cheval. Quand j'explique à mon ami Hugo que je n'ai jamais fait de cheval, il éclate de rire et me propose un cheval *tranquilito*, avec une belle robe brune et une crinière drue. Il me donne quelques recommandations sommaires en me confiant une vague corde faisant office de rêne : « Tu tires vers toi pour qu'il s'arrête, sur la gauche ou sur la droite pour changer de direction. » Aussitôt sur la selle de mon cheval, je sens que nous formerons une bonne équipe. Il est clair aussi que je n'ai nullement la prétention d'être maître à bord et que je fais une confiance totale à ma monture, qui s'en rend bien compte. Il progresse d'un pas sûr malgré le sol cendreux. Parfois le chemin s'encaisse en un petit canyon, parfois il s'élargit en une plaine de sable. Nous arrivons sans encombre au pied du cône du Paricutin où nous laissons les chevaux dans une zone ombragée.

Ci-dessus : *Le clocher de l'église de San Juan Parangaricutiro émerge du champ de lave de 1943. Le cône du Paricutin se détache à l'horizon.*

L'escalade du volcan ne pose pas de problème et s'effectue en une demi-heure. Simplement, on s'enfonce dans les cendres et les scories parfois jusqu'aux genoux, si bien que lorsque l'on monte d'un mètre, on redescend de cinquante centimètres, ce qui est classique sur ce type d'édifice instable. Par contre, la descente se fera en deux minutes exactement, par un couloir rempli de cendres, parfaitement rectiligne !

Au sommet, le large cratère révèle des couches de roches de toutes les teintes ocre. Tout autour, les laves figées s'étalent à perte de vue, spectacle impressionnant. On aperçoit au loin une église fantôme, qui semble surgir du paysage pétrifié. Hugo est à côté de moi. J'ai failli l'appeler Dioniso. L'aventure de Dioniso ? C'était il y a soixante ans.

Un volcan dans un champ de maïs

Dioniso Pulido, Indien Tarascan, était cultivateur dans le village de Paricutin. Dans son champ de maïs, il avait toujours connu une sorte de trou, profond d'environ un mètre et demi, qui, à son grand étonnement, ne se comblait jamais, bien qu'il y jetât régulièrement des détritus. Mais pendant plus d'un mois les secousses sismiques se succèdent. Le 20 février 1943, vers 16 heures,

il entend un grondement sourd comme le tonnerre. Le trou est devenu une fissure de 30 mètres de long, qui se met à rejeter des cendres brûlantes. Le sol semble se soulever de lui-même de plus de 2 mètres de hauteur. Effrayé, il prévient ses voisins qui accourent et assistent, médusés, à ce spectacle venu de l'enfer ! Un cône de cendres se construit peu à peu. Dès le lendemain matin, il mesure plus de 10 mètres de hauteur et 30 mètres le soir ! La nuit suivante, des pierres volent jusqu'à une distance de 500 mètres. Le deuxième jour, ce nouveau volcan, qui sera baptisé Paricutin comme le village, se met à vomir des laves.
Puis le cône atteindra 106 mètres en une semaine, 336 mètres en un an, pour finalement parvenir à 424 mètres le 4 mars 1952, quand, après neuf années, l'éruption s'arrête définitivement.

Ci-dessus : *À cheval au pied du Paricutin, dans un décor de western !*

La naissance d'un volcan

Assister à un tel phénomène est tout à fait exceptionnel. En dehors du Paricutin, on connaît seulement trois autres cas dans le monde : le Jorullo situé également au Mexique, à 81 kilomètres au sud-est du Paricutin, apparu le 29 septembre 1759 et actif pendant 15 ans ; le Monte Nuovo en Italie né en 1538 ; le Waiowa en Papouasie, né à la fin de l'année 1943, moins d'un an après le Paricutin. Dans la région du Paricutin, on connaît un millier de cônes semblables, qui ont dû se former de la même façon au cours des derniers millénaires.
Au début de l'année 1944, les laves du volcan Paricutin progressent dangereusement vers le village de San Juan Parangaricutiro, à la vitesse de deux ou trois mètres à l'heure. En mars, les habitants refusent toujours de partir. D'autant plus que les coulées semblent s'arrêter à quelques kilomètres du village. Malheureusement, la lave repart de plus belle à la mi-avril. Sa vitesse atteint parfois 180 mètres à l'heure. À ce rythme, elle atteindra le village en quelques jours. Début mai, le cimetière est recouvert, puis la nouvelle église, dont la construction est déjà bien avancée, est encerclée. La retraite s'impose. Les habitants décident de s'installer pour fonder un nouveau village baptisé San Juan Nuevo, à une quinzaine de kilomètres au sud-est. Le 8 mai 1944,

l'évêque célèbre une dernière messe dans l'église condamnée. Le crucifix du « Seigneur des miracles », haut d'un mètre, est porté en procession à travers la contrée, en présence d'une foule immense. La marche dure trois jours. Il trouvera sa place dans la future église, encore plus belle, une véritable cathédrale, devenue lieu de pèlerinage.

Au cours des neuf années d'éruption, 25 kilomètres carrés ont été recouverts de laves et 300 kilomètres carrés par une couche de cendres d'au moins 15 centimètres d'épaisseur. Le panache de cendres a atteint 6 kilomètres de haut et des particules sont même retombées sur la ville de Mexico, située à 320 kilomètres à l'est. Cinq villages ont été affectés. Il n'y a pas eu de victimes directes sauf trois personnes foudroyées : en effet, les orages sont fréquents lors des éruptions car les cendres émises créent de l'électricité statique. Mais une centaine de personnes mourut de maladie après l'évacuation, 4 500 têtes de bétail et 550 chevaux périrent également. L'éruption a, par bonheur, commencé deux mois après la moisson, ce qui a évité une famine, alors qu'en un an toute plante a été détruite dans un rayon de plusieurs kilomètres autour du volcan.

Aujourd'hui, le clocher de l'église de San Juan, haut de 23 mètres, émerge toujours du champ de laves solidifiées. Il se dresse fièrement et semble défier pour l'éternité le cône maintenant paisible du Paricutin.

Classification des retombées volcaniques selon leur taille

- Taille supérieure à 64 mm :
  - les blocs, de forme anguleuse
  - les bombes, de forme globuleuse
- Taille comprise entre 2 mm et 64 mm :
  - les lapilli
- Taille inférieure à 2 mm :
  - les cendres

Etna, Sicile, novembre 2002

L'Etna, très actif depuis plusieurs années, fait une nouvelle crise fin octobre 2002. Il s'agit du plus gros volcan d'Europe, à égalité avec le Cantal : il mesure près de 50 kilomètres du nord au sud et près de 40 kilomètres d'ouest en est. Âgé de 500 000 ans, il culmine à plus de 3 300 mètres. Sa dernière éruption remontait à juillet-août 2001.

Ci-dessus :
2 novembre 2002, l'Etna en éruption.

Une éruption double

Le 27 octobre, une fracture s'ouvre sur le flanc nord à l'altitude 2 400 mètres et déverse des flots de lave. La coulée principale parcourt 5 kilomètres jusqu'à l'altitude 1 100 mètres, en détruisant

quelques constructions, une station de ski et brûlant une grande surface de pinèdes. Son front, qui mesure alors 400 mètres de large et 30 mètres de haut, avance tel un rouleau compresseur. Des interventions avec des bulldozers essayent de la freiner et des Canadairs arrosent sans relâche la forêt qui flambe. En même temps, sur le versant sud, une fracture s'ouvre vers l'altitude 2 750 mètres, qui libère des quantités de cendres et de bombes ainsi qu'une petite coulée éphémère.
Cette éruption est accompagnée de plusieurs séismes locaux car l'Etna est situé sur une faille majeure, orientée du nord-est vers le sud-ouest. Certains séismes atteignent la magnitude 3,8 le 28 octobre et 4,4 (soit 6 sur l'échelle de Mercalli) le 29 octobre. À Santa Venerina, un millier de sinistrés doivent être relogés dans des tentes.

Une pluie de cendres

Je pars le 1er novembre. Il faut atterrir à Palerme car l'aéroport de Catane, au pied de l'Etna à 30 kilomètres de distance, saupoudré de cendres, est fermé : il y est tombé, en trois jours, 2,5 kilogrammes de cendres par mètre carré.
Le lendemain, en route pour le volcan, nous apercevons sa silhouette et de lourds panaches cendreux qui s'échappent de son sommet. À Nicolosi, la petite ville située à 15 kilomètres au sud, les habitants, qui vivent des moments étonnants, font face avec philosophie : ils sont habitués ! Il est tombé 5 centimètres de cendres, ce qui constitue une gêne importante pour les populations. Il faut balayer chaque jour et évacuer la cendre, protéger la nourriture dans les épiceries, porter souvent des masques à poussières. Les routes très glissantes rendent la circulation dangereuse, surtout sous la pluie. Nous demandons et obtenons les premières autorisations pour approcher du volcan. Plus haut, les policiers ont coupé la route d'accès ; seuls les scientifiques et les journalistes peuvent passer.
Nous dressons nos tentes vers Sapienza à 2 000 mètres d'altitude et à 5 kilomètres du sommet. Les cendres, emportées par les vents, retombent en abondance : 40 kilogrammes par mètre

Ci-dessus : *Activité de l'Etna au crépuscule du 2 novembre 2002. Les gaz, abondants, sont teintés en rouge par le panache cendreux d'origine magmatique.*
Page de gauche : *Activité nocturne de l'Etna le même jour.*

Ci-dessus : *Panache de cendres libéré lors de l'éruption de l'Etna, le 3 novembre 2002. À l'arrière-plan, la Bocca Nuova émet de la vapeur d'eau blanche.*

carré. À midi, nous commençons l'ascension en direction de la fracture sud.

Un nouveau petit cône est en train de s'édifier. Il libère de sombres colonnes de cendres, qui s'élèvent lourdement, à plusieurs centaines de mètres de hauteur. Des bombes retombent tout autour. L'éruption apparaît de type vulcanien. Un des principaux cratères sommitaux, la Bocca Nuova, émet lui aussi des cendres et de la vapeur d'eau.

Le crépuscule arrive. Il règne une douceur exceptionnelle pour cette période de Toussaint. Le spectacle devient féerique. La colonne éruptive prend des teintes incandescentes. Elle atteint maintenant 1 kilomètre de hauteur. Parfois, il s'agit d'une véritable fontaine de lave à débit quasi continu. Des bombes fusent de tous côtés puis retombent et ruissellent, rougeoyantes, sur les pentes du cône.

La descente, de nuit, ne pose pas de problème. Mais, arrivés au camp de base, nous sommes littéralement arrosés de cendre, qui tombe comme de la neige. Elle pénètre dans les yeux, le nez, le cou. Il faut se cloîtrer dans les tentes. On entend les grondements sourds du volcan.

Au petit jour, nous découvrons toute la zone recouverte d'un manteau cendreux, désolée et semblant abandonnée par les êtres vivants. Seul un renard vient nous demander une petite quote-part de notre déjeuner. Un chien aussi, qui s'est pris d'amitié pour nous, et nous accompagnera à deux reprises au sommet. Le vent a tourné et nous épargne des chutes de cendres mais le ciel est maussade, le volcan couvert. Nous tentons une nouvelle ascension et sommes récompensés car quelques éclaircies illuminent merveilleusement le panache éruptif. Ses volutes cendreuses mordorées gonflent en se boursouflant. L'activité a encore augmenté. Des bombes fusent en sifflant au-dessus de nos têtes. À trois reprises, il faut se replier. Le sol est brûlant, l'air glacial.

Sur la côte, à Acicastello, nous observons l'imposant panache, qui se colore en pourpre au soleil couchant. Il se dirige plein est : des particules vont tomber jusqu'en Grèce et en Libye !

Nous quittons la Sicile le 5 novembre. La coulée du nord s'est arrêtée ce même jour, à 4 kilomètres en amont de la bourgade de Linguaglossa. Mais une activité soutenue se maintient au sud. Le 13 novembre, une coulée de lave s'échappe du pied du cône. Le 24, elle atteint le refuge Sapienza mais elle l'épargnera de justesse. Le 16 décembre, la lave entre en contact avec une citerne d'eau, à l'origine d'une violente explosion blessant 32 personnes. Le 17, elle atteint le bar L'*Ezagonal* qui s'embrase immédiatement. L'éruption se termine le 28 janvier 2003 à 22 h 40, quand la fréquence et l'intensité des micro-séismes (appelés tremors) redeviennent normales.

C'est la première fois depuis 1879 que l'on observe une éruption double, qui souligne l'existence des rifts actifs nord et sud de l'Etna. Les dynamismes éruptifs diffèrent complètement : uniquement effusif au nord, essentiellement explosif au sud. Les produits émis n'ont pas la même composition (on parle de « pétrographie »). Il s'agit de trachybasaltes, des roches un peu moins sombres que les basaltes typiques. Celles émises au nord contiennent beaucoup de cristaux (plagioclase blanc, olivine verte, pyroxène et magnétite noirs) ; on dit qu'elles sont « porphyriques ». Celles du sud n'en contiennent presque pas (roches « aphyriques ») mais possèdent un minéral noir bien particulier, l'amphibole. Elles renferment aussi des enclaves de roches profondes, qui nous intéressent pour reconstituer l'histoire géologique du magma.

Ci-dessus : *Panache de cendres de plusieurs centaines de mètres de haut, libéré par une nouvelle fissure située à 2 750 mètres d'altitude sur le flanc sud lors de l'éruption de l'Etna, le 2 novembre 2002.*

Une crise tellurique

Pendant toute la fin d'année 2002, l'Italie a subi les « colères de la Terre ».

Le 31 octobre, un séisme majeur de magnitude 5,4, dont l'épicentre se situe à Campobasso, à 226 kilomètres au sud-est de Rome, tue 28 personnes, essentiellement des enfants dans une école qui s'effondre. Contrairement à ce que certains pouvaient penser, ce séisme, lié à l'activité du front des Apennins et au mouvement de la plaque italo-adriatique, n'a rien à voir avec l'Etna si ce n'est une conjonction temporelle. Un autre séisme est ressenti dans la région de Ravenne.

Le 4 novembre, à 2 kilomètres à l'est au large de l'île de Panarea dans l'archipel des îles Éoliennes, près des îlots de Lisca Bianca et de Basiluzzo, la mer se met à libérer des bulles et à changer de couleur, témoin d'un dégazage. Une odeur de soufre se répand et des poissons sont empoisonnés. Ce phénomène, bien que déjà observé dans le passé, augmente encore l'inquiétude générale des Italiens. La crise tellurique est l'objet de toutes les conversations et occupe les premières pages des journaux.

Fin novembre, l' « île » de Ferdinandea fait à nouveau parler d'elle par une activité sismique supérieure à la normale. Il s'agit en fait d'un haut-fond d'origine volcanique, situé à 30 kilomètres au sud de la Sicile, vers la Tunisie. Il émerge épisodiquement, quatre fois en 2 000 ans. La dernière fois, c'était en 1831. L'Italie et l'Angleterre (qui l'a baptisée « île Graham ») étaient déjà en train de se disputer l'île quand elle s'enfonça à nouveau dans les flots au bout de six mois. Aujourd'hui, le sommet est seulement à 8 (voire 6 ?) mètres de profondeur.

Le 28 décembre, le Stromboli, dans les îles Éoliennes au nord de la Sicile, entre violemment en éruption. Des pluies de cendres retombent sur l'ensemble de l'île et des coulées de lave, émises à mi-hauteur du flanc nord-ouest, descendent la Sciara del Fuoco jusqu'à la mer. Le 30 décembre, un séisme sous-marin et un effondrement partiel de l'édifice volcanique dans la mer engendrent un raz-de-marée, qui affecte l'île de Stromboli mais aussi les autres îles Éoliennes et la côte nord de la Sicile. On déplore six blessés. Des maisons se sont écroulées à Ginostra, au sud-ouest du volcan. L'île, privée d'électricité, est évacuée. Les habitants pourront revenir au mois de janvier mais cette importante éruption lavique latérale ne se terminera que le 22 juillet 2003.

Les plus fortes éruptions explosives.

- Le Tambora, dans l'île de Sumbawa en Indonésie, a expulsé 175 kilomètres cubes de tephra en 24 heures lors de son éruption des 10 et 11 avril 1815. L'énergie libérée ($1{,}4.10^{27}$ ergs = $1{,}4.10^{20}$ joules) est égale à 7 millions de fois celle de la bombe atomique d'Hiroshima. Il a fait 92 000 morts : 12 000 victimes directes de l'éruption et 80 000 morts de la grande famine qui a suivi, soit l'éruption la plus meurtrière de l'histoire.
- L'éruption de Toba, à Sumatra en Indonésie, il y a 75 000 ans, a libéré 2 800 kilomètres cubes de tephra et formé une caldeira longue de 100 kilomètres et large de 30 kilomètres.

Rabaul, Papouasie-Nouvelle-Guinée, août 1996

La ville de Rabaul, située à l'extrémité orientale de l'île de la Nouvelle-Bretagne en Papouasie-Nouvelle-Guinée, occupe une large rade naturelle ouverte sur la mer de Bismarck, qui a grandement facilité les installations portuaires. Il s'agit en fait d'un immense cratère, appelé caldeira, d'une dizaine de kilomètres de diamètre. Sur ses bords, de part et d'autre, se situent deux petits cônes volcaniques, hauts de 200 mètres environ, le Vulcan et le Tavurvur. Il se produit en moyenne une ou deux éruptions importantes chaque siècle : la dernière, qui remonte à 1937-1943, fit 500 victimes.

Une caldeira très active

Au petit matin du 19 septembre 1994, les deux volcans entrent subitement en éruption à une heure d'intervalle, ce qui inquiète vivement les responsables de l'observatoire volcanologique. Le Tavurvur éjecte des cendres à 8 kilomètres de hauteur et le Vulcan à 20 kilomètres ! La ville de Rabaul et les villages envi-

ronnants, situés sous les vents dominants, sont rapidement ensevelis sous plusieurs mètres de cendres : 80 000 habitants évacués d'urgence seront sauvés. On déplore néanmoins une dizaine de victimes, certaines foudroyées lors du formidable orage qui a éclaté au moment de l'éruption.

Près de deux ans plus tard, en 1996, la crise volcanique continue. Je débarque à Rabaul le 5 août et je retrouve un ami qui fait partie du personnel scientifique de l'observatoire. Une équipe de télévision française nous accompagne.

De notre hélicoptère, nous voyons le Tavurvur et son large cratère sommital, qui émet toutes les deux minutes un panache de cendres entre 500 et 1 000 mètres de hauteur. Le nuage se développe rapidement en épaisses volutes, parfois blanches car constituées essentiellement de vapeur d'eau, tantôt noires car chargées de cendres. De grosses bombes volcaniques sont également éjectées. De l'autre côté de la baie, le Vulcan semble assoupi, peut-être provisoirement. Il surveille la ville de son air menaçant.

Ci-dessus : *La caldeira Rabaul en Papouasie-Nouvelle-Guinée, vue du nord vers le sud le 13 août 1996.*
Cet immense cratère d'une dizaine de kilomètres de diamètre, envahi par la mer, forme un véritable port naturel. On reconnaît deux cônes volcaniques : à gauche (est), le Tavurvur, qui émet un panache de cendres, et, à droite (ouest), le Vulcan, assoupi. La ville portuaire de Rabaul, au premier plan, occupe le bord nord de la caldeira. Ensevelie par les cendres, elle a été évacuée en grande partie.

Une ville morte

Des cendres tombent toujours sur Rabaul, empêchant tout retour à une vie normale. La ville, ou plutôt ce qu'il en reste, semble figée sous un linceul clair, pulvérulent. Une piquante odeur de soufre persiste. Le terrain de tennis a disparu sous 3 mètres de cendres et seule la chaise perchée de l'arbitre dépasse encore ! En déambulant dans les ruines nous découvrons la poste et des fils téléphoniques arrachés, la pharmacie dont il ne reste que la porte, une poupée désarticulée... Certains habitants, courageux, grattent les décombres pour récupérer ce qui est récupérable : quelques planches, une tôle, qui amélioreront leurs abris de fortune construits plus loin. Sur la piste de l'aéroport, gît la carcasse d'un avion bimoteur. Heureusement, la plupart des appareils ont pu être sauvés avant qu'il ne soit trop tard, grâce au savoir-faire des pilotes, qui ont décollé en pleine nuit en tout début de crise éruptive, à la clarté de la lune.

Page de gauche : *Cette séquence de trois vues, séparées chacune d'une vingtaine de secondes, montre le développement d'un panache de cendres au Tavurvur en Papouasie-Nouvelle-Guinée.*
Ci-dessus : *La ville de Rabaul, détruite et ensevelie sous les cendres.*

À Vunamami, nous rencontrons le chef de ce village de réfugiés. Il nous explique ses difficultés, nous fait visiter l'école provisoire : les enfants, insouciants, rient aux éclats en nous faisant de grands signes amicaux. Une grand-mère nous raconte par gestes ses souvenirs de l'éruption de 1937. Mais la vie de chaque jour est difficile : bientôt deux ans que cela dure ; pour combien de temps encore ?

Tungurahua, Équateur, novembre 1999

L'Équateur compte une cinquantaine de volcans, dont plusieurs dépassent 5 000 mètres d'altitude, situés dans la partie nord de la cordillère des Andes. Sept d'entre eux ont eu une activité historique : du nord au sud, le Cayambe, le Reventador, le Guagua Pichincha, l'Antisana, le Cotopaxi, le Tungurahua et le Sangay. Ils apparaissent très dangereux et sont surveillés de près. Par contre, le géant Chimborazo (6 272 mètres) semble placide pour l'instant.

En 1999, le Guagua Pichincha et le Tungurahua sont en éruption. Quand j'arrive sur les lieux, fin octobre, la crise et l'inquiétude augmentent encore. Cette activité simultanée de deux volcans, situés à 130 kilomètres l'un de l'autre, pose de nombreux problèmes, scientifiques et techniques.

Le Guagua Pichincha menace Quito

Ci-dessus : *Éruption du Tungurahua (Équateur) en novembre 1999. À Quero, petite ville située à une vingtaine de kilomètres à l'ouest du volcan, dans la direction des vents dominants, les habitants se protègent des gaz et des cendres avec des mouchoirs ou des foulards.*

Le Guagua Pichincha culmine à 4 794 mètres à une dizaine de kilomètres à l'ouest de Quito. Heureusement, la partie ancienne de l'appareil, le Rucu Pichincha (4 700 mètres), situé entre les deux, joue un rôle de protection partielle pour la capitale. La dernière grande éruption magmatique du Guagua Pichincha, de type plinien, remonte à 1660. Elle recouvrit Quito de 30 centimètres de cendres. Plusieurs éruptions de moindre importance se sont produites aux XIXe et XXe siècles. Il s'agissait essentiellement d'éruptions « phréatiques », dues à l'interaction en profondeur entre l'eau souterraine et le magma. Elles ont d'ailleurs eu lieu le plus souvent entre octobre et mai, durant la saison des pluies.

En 1997-1998 et au cours des premiers mois de 1999, les explosions phréatiques se sont succédé à un rythme soutenu. Fin septembre 1999, le grand volcan est entré en phase magmatique : un nouveau dôme de lave est apparu. Deux explosions majeures ont eu lieu les 5 et 7 octobre 1999, libérant une colonne éruptive en forme de champignon, jusqu'à une quinzaine de kilomètres de hauteur. Un millimètre de cendres est retombé sur Quito. Les habitants ont souffert de problèmes respiratoires. On a déploré plusieurs blessés. L'aéroport a dû être fermé. Une évacuation temporaire du village de Lloa, situé au sud du volcan, a été décidée.

Un calme trompeur suit, fin octobre-début novembre. L'Instituto Geofisico enregistre en effet 2 000 à 4 000 séismes par jour. De nouvelles importantes éruptions se produisent en novembre et décembre. L'ancien dôme de lave de 1660, qui existait dans le cratère en forme de fer à cheval, large de 6 kilomètres et ouvert vers l'ouest, est pulvérisé en partie ; mais après chaque phase

explosive un nouveau dôme apparaît. Les pluies transforment les cendres en coulées boueuses (les redoutables lahars), qui s'épanchent dans le Rio Cristal.

Ci-dessus : *Le Tungurahua en éruption le 31 octobre 1999. Au premier plan, la ville de Pelileo, distante de 18 kilomètres au nord-ouest.*

Le Tungurahua en crise

Le Tungurahua (5 016 mètres) se situe à 130 kilomètres au sud de Quito. Ses dernières éruptions remontent à 1886 et 1916-1918. Il a commencé à se réveiller début 1999 et des éruptions phréatiques se sont produites à partir d'août 1999. La situation devient préoccupante. L'alerte orange (le deuxième stade, après le jaune et avant le rouge) a été déclenchée le 17 octobre.
Nous logeons à Pelileo, petite ville située à une quinzaine de kilomètres au nord du volcan. De la terrasse, nous voyons très bien

son panache quasi continu de 1 à 5 kilomètres de haut. Un bruit de coup de canon est entendu plusieurs secondes ou dizaines de secondes après chaque explosion, parfois de la ville d'Ambato située à 30 kilomètres du volcan. Le panache, entraîné vers l'ouest par les vents, retombe sur les villes et villages de ce secteur, à Quero et à Macha notamment ; les habitants se protègent des cendres et gaz toxiques à l'aide de masques à poussières, de foulards ou de mouchoirs. L'Instituto Geofisico a mesuré, dans le panache, un flux de 5 000 à 10 000 tonnes de dioxyde de soufre par jour.

Pour approcher, il faut franchir, muni d'une autorisation, des barrages édifiés par la police et l'armée. Le cône volcanique est vraiment impressionnant, majestueux. Par période de quelques heures, de fortes explosions se succèdent toutes les dix à quinze minutes. Chaque fois, on observe un nouveau panache, sombre le jour, incandescent la nuit et illuminé par des éclairs ; puis des blocs et des cendres retombent et recouvrent alors une grande partie du cône. Un petit dôme s'est mis en place à partir du 1er novembre dans le cratère sommital.

Nous visitons Banos, ville morte, située à seulement 8 kilomètres en contrebas au nord du volcan : les 20 000 habitants ont été évacués. Les magasins sont clos, le clocher de l'église résonne sinistrement. Un chien erre, quelques militaires aussi avec leur masque à gaz digne d'une guerre bactériologique. Il est, bien sûr, inutile de respecter les panneaux de signalisation *pare* signifiant « stop ».

Le barrage d'Agoyan a été vidé par précaution. Des lahars ont coupé la route reliant Banos à Riobamba, la capitale de la province. Dans la caldeira Chontapamba, un âne est resté prisonnier des coulées boueuses, véritables sables mouvants : son cadavre attire des nuées de mouches. Plus loin, un camion semble définitivement embourbé. Au retour, j'assiste à une scène de panique. L'armée a dû disperser des habitants, qui voulaient revenir chez eux, avec des bombes lacrymogènes. Cette crise va durer plusieurs années.

Page de gauche : *Le Tungurahua, qui culmine à 5 016 mètres, siège d'une éruption de type sub-plinien.*
Ci-dessus : *Vue du volcan Tungurahua en éruption au petit matin du 2 novembre 1999.*

Projections et retombées

Ci-dessus : *Une bombe volcanique et son cratère d'impact au Krakatoa, en Indonésie.*

Les volcans gris, explosifs, éjectent violemment le magma sous forme de fragments de tailles variées, qui se solidifient dès leur émission, accompagnés de gaz en abondance.

La visite du Stromboli, volcan actif le plus proche de nous, dans les îles Éoliennes au nord de la Sicile, apparaît incontournable pour un passionné. L'ascension s'effectue classiquement en fin de journée à partir du village de San Bartolo, situé en bord de mer. Un petit chemin, gentiment empierré, se transforme peu à peu en une sente raide et instable. Gravir les 1 000 mètres de dénivelé nécessite trois bonnes heures d'effort. Au sommet, sur la Cima, qui constitue un poste d'observation relativement sûr, on domine un vaste amphithéâtre naturel, la Sciara del Fuoco, contenant le cratère actif. La mer scintille en contrebas, dans le soleil couchant. Les épais nuages gris émis à chaque explosion, en moyenne toutes les dix à quinze minutes, apparaissent de plus en plus pourpres au fur et à mesure que le jour décline. Dans la nuit noire, le spectacle devient féerique. Cinq bouches actives éjectent à tour de rôle des salves de bombes incandescentes, qui décrivent une trajectoire lumineuse parabolique puis retombent avec un bruit sourd. Ce feu d'artifice naturel se poursuit toute la nuit. Mais il est dangereux de vouloir s'approcher des bouches éruptives ; une grande prudence s'impose en toute circonstance.

Le type strombolien (comme le Paricutin) se caractérise par la projection de bombes encore incandescentes et pâteuses. Les bombes, de forme généralement arrondie, ont une taille supérieure à 6,4 centimètres, mais elles peuvent atteindre 1 mètre au Stromboli ou même davantage sur d'autres volcans. Les blocs ont une taille équivalente mais une forme anguleuse. Les lapilli, ce qui signifie « petites pierres » en italien, mesurent entre 2 millimètres et 6,4 centimètres. Bombes et lapilli sont projetés, avec une vitesse initiale supérieure à 100 kilomètres à l'heure, à plusieurs centaines de mètres de hauteur et retombent à une distance équivalente. Les bombes, encore pâteuses lors de leur émission, acquièrent une forme en fuseau lors de leur trajectoire aérienne et retombent totalement solidifiées. Parfois, elles tournent sur elles-mêmes et prennent une forme torsadée. D'autres, encore molles en s'écrasant au sol, sont appelées « en croûte de pain » ou « en bouse de vache » ! En retombant autour du cratère, elles forment peu à peu un cône, dont la taille augmente sans cesse tant que le volcan reste actif. En France, dans la chaîne des Puys, se côtoient ainsi une centaine de cônes volcaniques de ce type.

Le type vulcanien, plus violemment explosif, libère des cendres. C'est le cas du Tavurvur, du Tungurahua ou de l'Etna en 2002. Les vitesses d'éjection atteignent parfois presque celle du son. Le type plinien, cataclysmal, émet une colonne de cendres et de ponces, haute de 10 à 50 kilomètres. Les dépôts, d'un volume supérieur à 1 kilomètre cube, atteignant exceptionnellement 100 kilomètres cubes, recouvrent d'immenses surfaces, parfois un pays entier. L'exemple du mont Saint Helens, dans l'État de Washington sur la côte ouest des États-Unis, constitue une référence. L'éruption de ce volcan, inactif depuis longtemps, débute le 18 mai 1980 à 8 h 32 du matin. En dix minutes, le panache atteint 15 kilomètres de hauteur. Cinq minutes plus tard, il prend la forme d'un champignon, de 25 kilomètres de haut et de 70 kilomètres de diamètre. En dix heures, le nuage éruptif, entraîné par les vents dominants d'ouest, s'étend vers l'est sur 1 000 kilomètres. Le troisième jour, il est à la verticale de New York, avant de former une ceinture autour de la planète.

Les plus gros volcans, qui alternent, au cours des siècles, des éruptions de différents types, sont constitués d'un empilement de coulées de laves et de couches de cendres : on les nomme strato-volcans, tel le Fuji-Yama au Japon. Ils atteignent des hauteurs de plusieurs milliers de mètres pour une base de plusieurs dizaines de kilomètres de diamètre. Ils sont très dangereux et leur étude s'avère complexe pour les volcanologues.

La plus grosse bombe volcanique connue mesure 8,5 mètres de long. Elle a été retrouvée au Mexique, dans la Sierra de la Primavera.

Lors d'une éruption fortement explosive, un panache de cendres et de gaz peut atteindre **50 kilomètres de haut** (calcul fait pour le Taupo en Nouvelle-Zélande).

Panique à bord

Le 24 juin 1982, la tour de contrôle de l'aéroport de Djakarta en Indonésie reçoit un message de détresse. Il provient d'un Boeing 747 de la compagnie British Airways, vol BA 009, qui avait décollé de Kuala Lumpur en Malaisie avec 263 passagers, pour se rendre à Perth en Australie. Arrivé au niveau de l'Indonésie, l'avion rencontre, à 11 500 mètres d'altitude, un nuage de cendres émis par le volcan Galunggung en pleine éruption. Les cendres opacifient les hublots. Les quatre réacteurs de l'avion, obstrués par les particules, s'arrêtent. Le pilote prévient l'aéroport le plus proche. Il s'ensuit un dialogue étonnant :

– Djakarta, *mayday, mayday* [message d'urgence], nous avons perdu l'usage de nos quatre réacteurs.

– Bien reçu, nous avons compris que vous avez perdu l'usage de votre réacteur n° 4.

– Non, nous avons perdu tous nos réacteurs !

Après une descente de 8 000 mètres en planant, le pilote réussit à faire redémarrer les moteurs, puis, grâce à son sang-froid, à poser son appareil en perdition presque normalement. Il n'y a eu aucune victime à déplorer, mais le coût des dégâts fut important. Maintenant la compagnie aérienne a réalisé un film à l'attention des pilotes pour les prévenir des risques présentés par les panaches des volcans explosifs.

Ce cas n'est pas isolé. Lors de l'éruption du volcan Redoubt, en Alaska, entre décembre 1989 et février 1990, cinq avions de ligne ont été endommagés. Durant la crise éruptive cataclysmale du Pinatubo en 1991, seize avions ont été gênés par les cendres, jusqu'à 1 200 kilomètres du volcan, dont six gravement mais sans victimes. Ainsi des volcans, même situés en zone désertique, peuvent créer des perturbations importantes dans notre vie de chaque jour.

Ci-dessus : *Après la grave crise éruptive de septembre 1994, l'aéroport de Rabaul, recouvert par les cendres du Vulcan et du Tavurvur (à l'arrière-plan), est inutilisable.*

NUÉES ARDENTES

Un volcan est un canon d'un volume immense dont l'ouverture a souvent plus d'une demi-lieue ; cette large bouche à feu vomit des torrents de fumée et de flammes, des fleuves de bitume, de soufre et de métal fondu, des nuées de cendres et de pierres.

Buffon, *Preuves de la Théorie de la Terre*, article XVI, 1749.

Les nuées ardentes constituent un risque volcanique majeur. Cette mousse brûlante, constituée de gaz, de lave et de blocs rocheux, dévale les flancs du volcan à plusieurs centaines de kilomètres à l'heure. Elle peut même remonter à contre-pente. Toute fuite est, bien évidemment, illusoire ; il faut impérativement avoir évacué la population avant la nuée ardente !

Soufrière de Saint-Vincent, Antilles, avril 1979

Pourquoi les vendredis 13 ont-ils la réputation d'être aussi particuliers, porteurs de joies ou de peines ? Quoi qu'il en soit, le vendredi 13 avril 1979 conjugua les deux dans l'île de Saint-Vincent aux Antilles et fut conforme à cette réputation. À l'inquiétude d'une catastrophe volcanique annoncée, succéda le soulagement de savoir que des milliers de personnes furent sauvées : un bel exemple de réussite en matière de prévision.

La Soufrière de Saint-Vincent, culminant à 1 220 mètres au-dessus de la mer des Caraïbes, constitue un des maillons de l'arc volcanique des Petites Antilles. Cet archipel comprend une dizaine

Ci-dessus : *La forêt détruite par les nuées ardentes d'avril 1979 de la Soufrière de Saint-Vincent.*

d'îles principales contenant presque chacune un volcan appelé Soufrière : Montserrat, Guadeloupe, Dominique, Sainte-Lucie et Saint-Vincent. La Martinique fait exception car son célèbre volcan s'appelle la montagne Pelée.
Le jeudi 12 avril au soir, John Tomblin et l'équipe de l'observatoire de Trinidad, responsables de la surveillance volcanologique de cette île, sont extrêmement inquiets. Ils enregistrent des séismes dont l'épicentre se situe juste sous le massif de la Soufrière. Ces signaux s'accentuent, semblant prouver que du magma profond est en train de monter et risque de surgir brutalement en surface. Le Premier ministre de Saint-Vincent, prévenu dès le début de la crise, décide, à minuit, l'évacuation des 22 000 habitants de la partie nord de l'île. Ils vont loger au sud, chez des parents ou, pour certains, dans l'église aménagée pour l'occasion.

Le déclenchement de l'éruption

L'éruption prévue se déclenche brutalement le vendredi 13 à 4 heures du matin mais ne fera aucune victime.
Rapidement, une colonne de cendres noires monte verticalement à 6 kilomètres de hauteur, puis à 17 kilomètres en milieu d'après-midi. Le panache est visible à plus de 100 kilomètres. Des cendres retombent sur Belmont, à 10 kilomètres au sud du volcan, où l'épaisseur de la couche augmente de 1 millimètre par minute. Certaines atteignent l'île de la Barbade, à 160 kilomètres. Un orage éclate sur la Soufrière.
Le lendemain, 14 avril, à midi, un nuage de gaz brûlants chargé de blocs et de cendres gicle latéralement et dévale à 200 kilomètres à l'heure les flancs du volcan : il s'agit d'une redoutable nuée ardente. La nuée se disperse dans plusieurs vallées au sud et à l'ouest du volcan. Un des lobes emprunte le cours de la rivière Larikai. La nuée atteint la baie et poursuit sa progression en mer sur plusieurs kilomètres, comme en témoigne, en surface, l'importante libération de vapeur d'eau.
D'autres nuées se succèdent, plusieurs le 17 avril et encore une le 22 avril. Puis l'éruption s'essouffle un peu.

Sur le bord du cratère

Avec un camarade, jeune volcanologue comme moi, je suis envoyé sur place dans le cadre du programme français de recherche sur la prévision volcanique. Pour tous les deux, c'est la première grande chance de notre carrière : vingt-cinq ans après, on en parle encore ! Nous y retrouvons Katia Krafft qui réalise un film. Ensemble, nous décidons, au début du mois de mai, de monter sur les lèvres du cratère. Nous devons traverser une forêt tropicale complètement ravagée, couverte d'un manteau de cendres. Les arbres arrachés constituent autant d'obstacles. En les franchissant, nous déclenchons la chute de paquets de cendres, qui s'infiltrent dans nos vêtements. Puis nous dépassons la strate végétale et nous parcourons un territoire dévasté, criblé de cratères d'impact de bombes volcaniques. Nous atteignons le bord du cratère dans un brouillard humide : déception, la visibilité est nulle. Une demi-heure plus tard, le voile se déchire. Au fond du cratère, large de 1 600 mètres et profond de presque 200 mètres, on découvre un petit dôme de forme hémisphérique, hérissé d'aiguilles rocheuses, haut de 30 mètres et large de 60 mètres. Son sommet libère en quantité des gaz bleutés, du dioxyde de soufre et de l'hydrogène sulfuré, toxiques. À son pied, stagne un petit lac d'eau sale et des fumerolles blanches de vapeur d'eau sont émises le long de grandes fissures. Des craquements sinistres et des éboulements fréquents prouvent que ce dôme est en pleine croissance. De la lave visqueuse l'alimente en permanence à sa base, mais reste invisible. Soudain, un éboulement plus important que les autres, véritable avalanche, brise une aiguille rocheuse et révèle son cœur rouge-orange de lave incandescente. Ce dôme va croître six mois pour atteindre, début octobre 1979, 133 mètres de hauteur pour près de 900 mètres de diamètre.

Dès la mi-mai, 17 000 des 22 000 évacués peuvent regagner leur maison mais la récolte de bananes est perdue.

À 150 kilomètres au nord, en Martinique, l'observatoire du Morne des Cadets au pied de la montagne Pelée est en état de pré-alerte. Car chacun pense au précédent dramatique datant du début du XXe siècle…

En haut : *Après l'émission de nuées ardentes à la Soufrière de Saint-Vincent au cours du mois d'avril 1979, un petit dôme de lave surgit au fond du cratère (d'environ 1 500 mètres de diamètre) dès le début du mois de mai.*
En bas : *Le 6 mai 1979, quelques jours après l'épanchement des nuées ardentes de la Soufrière de Saint-Vincent, Jacques-Marie Bardintzeff foule un sol cendreux vierge dans Larikai River.*

L'éruption de la montagne Pelée, le 8 mai 1902

Comme dans le poème de Victor Hugo, « ce siècle avait deux ans... », quand le 7 mai 1902, la Soufrière de Saint-Vincent entra brusquement en éruption et fit 1 565 victimes. Le lendemain, en Martinique, le bilan fut dix fois plus dramatique.

En haut : *La montagne Pelée et la rade de Saint-Pierre en Martinique. Ce volcan, souvent encapuchonné de nuages, se découvre exceptionnellement.*
En bas : *Le frontispice de l'église du Fort à Saint-Pierre, emportée par la nuée ardente émise par la montagne Pelée le 8 mai 1902.*

Un volcan imprévisible

La montagne Pelée occupe le nord de l'île de la Martinique, département français d'outre-mer. C'est également un volcan explosif très actif, qui culmine à 1 397 mètres. Ses éruptions se succèdent au rythme d'une ou deux par siècle ou sont, au contraire, espacées de plusieurs siècles. Les dernières éruptions de 1851 et de 1889 étaient modérées, avec des cendres en faible quantité dans le premier cas et seulement des fumerolles dans le second, sans faire de victimes. Au début de l'année 1902, la Pelée manifeste une reprise d'activité. En février, une forte odeur de soufre se répand sur Saint-Pierre. Mais les habitants des environs ne sont pas trop inquiets. « La Pelée a voulu nous faire manger un poisson d'avril » plaisantent-ils. Pourtant, à la fin du mois, se produisent des tremblements de terre, accompagnés de grondements sourds. Au Prêcheur, où la cendre tombe en abondance, la visibilité ne dépasse pas 2 mètres. Dès le 3 mai au matin, l'obscurité devient presque totale. Un orage éclate dans la nuit du 4 au 5 et la rivière Blanche déborde. Le 5 mai, peu après midi, une coulée boueuse détruit l'usine Guérin, faisant 23 premières victimes, qui en annoncent malheureusement bien d'autres.

Les chaos des nuées ardentes

Le 7 mai 1902, on apprend la catastrophe de Saint-Vincent. Le lendemain, jeudi 8 mai, le ciel est clair sur la Pelée, quand se déchaînent les chaos de l'enfer. Une nuée ardente, émise à 8 h 01, dévale les 7 kilomètres la séparant de la mer en une minute et rase Le Prêcheur, Sainte-Philomène et Saint-Pierre. Les 28 000 habitants sont tués instantanément. Seuls deux miraculés survivent. Louis Cyparis, ivrogne notoire, purgeait une peine pour ébriété dans un cachot, dont la petite ouverture était opposée au volcan : il sera récupéré quatre jours plus tard, brûlé, déshydraté et fortement choqué, puis deviendra une vedette du cirque Barnum. Léon Léandre Compère, cordonnier, travaillait dans son échoppe en demi-sous-sol : la nuée est passée au-dessus. On raconte qu'une calèche se dirigeait vers Morne Rouge quand survint la nuée ardente : les chevaux furent grillés sur place, les rênes coupées mais les passagers restèrent quasi indemnes !

À Saint-Pierre, le désastre est total. Les 290 tonnes du phare de la place Bertin ont été emportées comme un fétu de paille. Les importantes réserves d'alcool stockées dans les rhumeries se sont enflammées et ont été à l'origine d'un gigantesque incendie. D'autres nuées ardentes suivent en 1902 et au début de 1903. Celle du 30 août 1902, encore plus importante que celle du 8 mai, fait 1 000 victimes supplémentaires.

Puis, une aiguille de lave visqueuse surgit du cratère. Elle croît de 60 mètres en trois jours, atteint une hauteur de 200 mètres puis s'écroule, se reconstitue, s'éboule à nouveau. Sans ces destructions intermédiaires, l'aiguille de lave aurait atteint 850 mètres de hauteur ! La crise éruptive de la montagne Pelée s'arrête définitivement en 1905.

Ci-dessus : *Jacques-Marie Bardintzeff devant le cachot qui sauva la vie de Cyparis, prisonnier lors de la nuée ardente de la montagne Pelée.*

Soufriere Hills, Montserrat, Antilles, 1995-2003

Montserrat, qui mesure 17 kilomètres de long pour 10 kilomètres de large, soit une superficie d'environ 100 kilomètres carrés, est une petite île en position septentrionale dans l'arc antillais. Le volcan Soufriere Hills, situé dans le nord de l'île, se réveille le 18 juillet 1995, après 360 ans de repos, et manifeste une activité violemment explosive. En 1997, l'éruption prend une tournure dramatique.

Un dôme se forme dans English's Crater et de nombreuses nuées ardentes sont émises, qui alternent avec des panaches pliniens

Ci-dessus : *Les dépôts de nuées ardentes émises par le volcan Soufriere Hills dans l'île de Montserrat aux Antilles, canalisés par le lit de Tar River, ont formé de véritables deltas sur la mer des Caraïbes.*

Ci-contre : *En mars 1999, dans la partie sommitale de la Soufrière de Montserrat, « English's Crater » est occupé par un dôme de lave visqueuse.*

dépassant parfois 10 kilomètres de hauteur. Il faut évacuer Plymouth la capitale et tout le secteur sud de l'île, soit 8 000 habitants sur les 12 000 que compte l'île. Mais 20 personnes ont été tuées : des paysans travaillant dans leurs champs, en bordure de la zone évacuée.

Quand je visite la Soufrière en mars 1999, l'éruption se poursuit toujours. Le dôme continue sa croissance. Il apparaît très fracturé, hérissé d'aiguilles de lave visqueuse, coloré par les dépôts de soufre jaune et il émet d'abondantes fumerolles. L'altitude du volcan, de 914 mètres avant l'éruption, a d'ailleurs augmenté de plus de 100 mètres. De l'hélicoptère, j'observe les dépôts récents des nuées ardentes. Certaines ont dévalé la Tar River et ont formé une sorte d'éventail d'éboulis à son embouchure, ce qui a agrandi un peu l'île.

Sur place, je suis impressionné par l'importance des lahars. Des coulées boueuses ont comblé le lit de Belham River jusqu'à la hauteur d'un pont, soit une épaisseur de 6 mètres. Des blocs et des troncs d'arbres ont été emportés. Plymouth est devenue une ville fantôme, sous un linceul de cendres grises. L'aéroport de Blackburne, recouvert de plusieurs mètres de cendres et de ponces, est inutilisable. Quelques maisonnettes ont déjà été construites dans la partie nord de l'île pour reloger certaines personnes évacuées. Je quitte l'île le 17 mars, jour de la Saint-Patrick, le patron de l'île ; la fête a un goût très amer. L'éruption se poursuit en 2003. L'ancienne « île d'émeraude » est quasi stérilisée.

Un risque volcanique majeur

Ci-dessus : *Le mont Saint Helens, aux États-Unis, sept ans après sa phase éruptive de 1980. Les troncs d'arbres arrachés par les nuées ardentes flottent encore sur le Spirit Lake. Un dôme de lave continue sa croissance dans le cratère.*

Une nuée ardente peut se définir comme l'émission brutale et dirigée d'un mélange de gaz, de solides et de liquides, qui se propage à grande vitesse, sur des distances importantes.

Une nuée émise à partir d'un cratère largement ouvert gicle verticalement, puis, en retombant, s'éparpille autour de l'édifice et continue sa progression dans différentes directions. Dans le cas d'un cratère obturé par un dôme de laves solidifiées, la nuée sort latéralement. Elle ne recouvre alors qu'un secteur du volcan mais l'énergie, d'autant plus concentrée, la rend plus dangereuse encore.

D'autres nuées résultent de l'éboulement d'un dôme de lave. Les gaz, prisonniers du dôme puis libérés par son effondrement, favorisent leur propagation. De telles « nuées d'avalanches » sont fréquentes au Merapi, dans l'île de Java en Indonésie. Au mont Unzen au Japon, entre 1991 et 1995, 13 dômes sont successivement apparus et ont donné naissance à des centaines de nuées de ce type. Les Français Maurice et Katia Krafft, le volcanologue américain Harry Glikken et une quarantaine de personnes ont trouvé la mort au début de l'éruption japonaise.

Véritable nappe incandescente, la nuée progresse sur une sorte de coussin de gaz à des vitesses prodigieuses, de 50 à 600 kilomètres à l'heure. Elle peut même remonter à contre-pente. Le plus souvent, elle est précédée d'une onde de choc dévastatrice à 700 kilomètres à l'heure, voire plus. Les températures vont de 200 à 500 degrés. Les effets meurtriers des nuées ardentes sont comparables à ceux d'une explosion nucléaire, excepté la radioactivité.

Une nuée ardente laisse un dépôt de quelques mètres ou plusieurs dizaines de mètres d'épaisseur, très hétérogène, constitué d'un mélange de blocs et de cendres grises.

On connaît des dépôts anciens d'ignimbrite, résultant de phénomènes plus dramatiques encore, sorte de nuée ardente hypertrophiée. La dernière éruption de ce type a eu lieu en 1912 au volcan Katmaï en Alaska, dans une région désertique et aucun

témoin n'y a assisté. Ultérieurement, un pilote d'avion, qui survolait le site, a découvert des dépôts encore fumants, d'où le nom de « Vallée des dix mille fumées ». Ce type d'éruption cataclysmale est heureusement très rare mais la prochaine qui concernera une région habitée sera redoutable.

Ci-dessus : *La capitale de l'île, Plymouth, recouverte par les cendres lors de la crise éruptive de la Soufrière de Montserrat.*

Les produits volcaniques sont émis et progressent à des **vitesses impressionnantes.**

- Une coulée de lave peut exceptionnellement s'épancher à 50, voire 75 kilomètres à l'heure près de son lieu d'émission. Ensuite, elle avance en général à quelques kilomètres, voire seulement quelques mètres à l'heure.
- La vitesse d'éjection des tephra (cendres, lapilli, bombes) est supérieure à 100 kilomètres à l'heure et atteint parfois presque celle du son (plus de 1 000 kilomètres à l'heure).
- Une nuée ardente se propage entre 50 et 600 kilomètres à l'heure. Elle est précédée par une onde de choc atteignant une vitesse de plus de 700 kilomètres à l'heure.

L'EAU ET LE FEU : LA LUTTE DES ÉLÉMENTS

Des vapeurs blanches s'élèvent continuellement, non seulement de la surface de l'eau qui semble être en ébullition, mais de tout le sol, par de nombreuses fissures.

Constant Prévost, Lettre relatant l'exploration de l'île Julia, les 27, 28 et 29 septembre 1831.

Le contact de l'eau et du magma augmente considérablement la force de l'éruption. Les deux éléments semblent alors associer leur force, dans une folie destructrice. De nombreux volcans existent d'ailleurs sous les océans. Parfois, l'un d'entre eux émerge et forme une île, terre nouvelle.

Vatnajökull, Islande, octobre 1996

Le 30 septembre 1996, je reçois par Internet un message de mes homologues volcanologues islandais, annonçant une éruption sous-glaciaire dans leur île. Je connaissais déjà ce pays mythique pour y avoir séjourné plusieurs semaines. L'Islande est une île dont la superficie égale un cinquième de la France, située dans l'extrême nord de l'Europe, à la limite du cercle polaire arctique. Un grand rift volcanique la traverse de part en part, de la presqu'île de Tjörnes au nord, jusqu'à la péninsule Reykjanes au sud-ouest, avec une branche latérale qui s'évanouit vers le sud au niveau de l'île de Surtsey.

Ci-dessus : *Éruption sous le glacier Vatnajökull, en Islande, le 9 octobre 1996. Une importante fissure, de 3 kilomètres de long et de 300 mètres de large, s'est ouverte. Un panache « cypressoïde » de cendres noires, éjectées à grande vitesse, côtoie un nuage blanc de vapeur d'eau.*

Ci-dessus : ***L'Herdubreid, en Islande, est un ancien volcan sous-glaciaire aujourd'hui dégagé des glaces, aux flancs escarpés typiques.***

Des volcans sous la glace

Le Vatnajökull, une calotte glaciaire aussi étendue que la Corse, de 140 kilomètres de long et 90 de large, épaisse de 2 kilomètres par endroits, occupe la partie sud-est de l'île. Au moins six volcans sont connus sous ce glacier et une importante activité hydrothermale libère des fumerolles à haute température. La présence de lacs permanents, résultant de la fusion locale des glaces, explique le nom du glacier : Vatnajökull, ce qui signifie « glacier des eaux ».

L'activité détectée à la fin du mois de septembre 1996 se situe sur une faille bien connue, d'une vingtaine de kilomètres de long, entre le volcan Bardarbunga au nord et le lac Grimsvötn au sud. Lors d'un survol de reconnaissance, les géologues islandais avaient repéré à la surface du glacier une importante dépression circulaire, de plusieurs centaines de mètres de diamètre. Elle témoignait d'un effondrement résultant de la fusion en profondeur d'une partie du glacier à la suite d'un probable réveil de l'activité volcanique. Des enregistrements sismiques confirmaient cette hypothèse. Peu de temps après, une importante colonne de vapeur d'eau s'élève à plusieurs kilomètres de hauteur. *Le Figaro Magazine*, qui souhaite envoyer sur place une équipe de reporters, me demande d'être le scientifique du groupe et nous partons immédiatement.

Aussitôt sur place, un premier survol nous donne une idée précise de la situation. Une importante fissure de 3 kilomètres de long et 300 mètres de large, remplie d'un mélange noirâtre d'eau de fonte des glaces et de cendres volcaniques, balafre le glacier, qui fume furieusement. Les conditions météorologiques médiocres et une nébulosité très importante gênent notre observation. Malgré la virtuosité de notre pilote islandais, nous sommes secoués dans l'avion bimoteur.

Nous prenons nos quartiers à Kirkjubæjarklaustur, dernier village avant le glacier. Les jours suivants, de survols aériens en expéditions pédestres, nous découvrons un contexte géologique bien particulier. Le glacier est véritablement monstrueux, hérissé d'aiguilles de glace, tailladé de profondes crevasses ; il est impossible de s'y aventurer profondément. Une imposante colonne éruptive s'en échappe toujours.

Quelques jours plus tard, le temps est magnifique et un nouveau survol nous montre une activité encore plus soutenue. Un large cratère, d'un kilomètre de diamètre, s'est ouvert au nord de la fissure. Le glacier s'est brisé comme du verre en de vastes fissures circulaires, concentriques. Il s'en échappe constamment une colonne de vapeur d'eau de plusieurs kilomètres de haut. De plus, toutes les deux ou trois minutes, des salves de cendres noires fusent à des vitesses prodigieuses jusqu'à plusieurs centaines de mètres de hauteur. La cendre progresse en

Ci-dessus : *L'énorme glacier du Vatnajökull en octobre 1996, peu avant la « course glaciaire ».*

Ci-dessus : *Jökulsarlon, une lagune qui s'est développée au front du glacier Vatnajökull.*

tournoyant et forme des volutes « cypressoïdes », qui évoquent un peu la forme du cyprès. Ces violentes explosions résultent du contact direct de l'eau et du magma, phénomène connu sous le terme de « phréatomagmatisme ».

La course glaciaire

Comme mes collègues volcanologues islandais, je suis très inquiet. La fonte des glaces augmente chaque jour le volume du lac Grimsvötn, situé au sein du Vatnajökull, dont le niveau a atteint la cote d'alerte. Son étendue a grandi de 12 à 40 kilomètres carrés. Ses

3 kilomètres cubes d'eau menacent de déborder à tout instant. Ce type d'événement, bien connu en Islande, est appelé *jökulhlaup*, ce qui se traduit par « course glaciaire ». Sous l'effet de son poids, responsable d'une formidable pression, l'eau de fonte s'infiltre sous le glacier et parcourt ainsi plusieurs dizaines de kilomètres. Arrivée au front de celui-ci, l'eau est brusquement libérée, entraînant quantité de blocs de glace et de roche. Ce flot boueux emporte tout sur son passage : maisons, routes, etc., puis laisse une étendue vaseuse, noire et nauséabonde.

Dans le cas présent, les villages les plus proches ne sont pas directement menacés mais la route principale, qui fait le tour de l'île, risque d'être coupée et de nombreux ponts emportés. Les scientifiques islandais procèdent à différentes mesures, plus particulièrement les teneurs en soufre, chlore et fluor, donc la conductivité de l'eau des rivières, qui augmentent très nettement quelques heures avant le lâcher glaciaire. Ceux qui ont connu l'éruption de 1954 se souviennent de l'épouvantable odeur de soufre qui régnait alors. L'air était irrespirable. Les toitures de zinc noircissaient, comme l'argenterie même protégée dans son écrin, car l'action du soufre sur l'argent produit un dépôt noirâtre de sulfure d'argent. Quand nous prélevons des échantillons dans la rivière Skeidara, nous avons toujours un œil sur le glacier : de plus en plus menaçant, il semble gonfler et prêt à éclater à tout moment. Des bulldozers, petits insectes jaunes sur le sable noir, construisent inlassablement des digues dont le résultat semble illusoire.

La crise éruptive cesse vers la mi-octobre 1996 : 0,3 kilomètre cube de magma a été libéré sous forme de cendres. Mais la crue glaciaire se fait toujours attendre. Nous savons que plus elle tarde à venir, plus elle sera catastrophique. Le *jökulhlaup* se déclenche brusquement le 5 novembre au matin, plus d'un mois après le début de l'éruption. Le débit passe rapidement de 70 mètres cubes à 45 000 mètres cubes par seconde, soit vingt fois le débit maximal du Rhône ! La crue diminue sensiblement le lendemain, puis tout rentre dans l'ordre le surlendemain... jusqu'à la prochaine fois. Les estimations des dégâts dépassent 15 millions de dollars mais il n'y a heureusement aucune victime à déplorer.

Un cocktail explosif

On pourrait croire qu'il est possible d'éteindre un volcan avec de l'eau, la mer par exemple. Ceci est complètement faux. L'eau, bien au contraire, a un effet catastrophique au contact d'un volcan dont elle accroît l'explosivité. L'eau surchauffée se transforme en vapeur, son volume augmente considérablement, ce qui engendre une forte surpression. L'ensemble se comporte comme une véritable cocotte-minute. L'eau peut avoir des origines très variées : météorologique (chute de pluie ou de neige qui alimente la nappe phréatique souterraine), glaciaire, lacustre ou marine.

Le plus souvent, deux stades se succèdent. Dans un premier temps, le magma, qui n'est pas encore en contact direct avec l'eau, la réchauffe de la profondeur et la vaporise : c'est le stade « phréatique ». Une forte explosion pulvérise les roches sus-jacentes en blocs et cendres, qui retombent aux alentours. Dans un deuxième temps, le magma entre en contact avec l'eau. Il est expulsé en même temps qu'elle, sous forme de cendres noires, très fines. C'est le stade « phréatomagmatique ».

Il reste un cratère tout rond, appelé *maar*, qui peut ultérieurement devenir un lac comme le lac Pavin en Auvergne ou les nombreux lacs de l'Eifel germanique.

Volcans sous-marins et naissance d'une île

Les océans recouvrant 70 % de la surface du globe, il n'est donc pas étonnant que la plupart des volcans terrestres soient sous-marins. Ils sont, bien sûr, moins connus que leurs homologues des continents mais aussi beaucoup moins dangereux.

Un volcan sous-marin émet des laves, qui forment des boules au contact de l'eau de mer : les laves en oreillers appelées pillow-lavas. À cette profondeur, le mélange eau-magma ne peut pas être explosif car règnent de fortes pressions. Le volcan, en forme de tronc de cône, est appelé mont sous-marin (*seamount* en anglais) ou guyot. Son cratère est perpétuellement obstrué par ses propres laves. En grandissant, à une vitesse moyenne d'un centimètre

par an, il peut atteindre la surface de la mer en plusieurs centaines de milliers d'années. À ce stade, l'éruption peut prendre un aspect explosif car la pression a diminué. Mais l'émersion de l'édifice est toujours difficile car les vagues détruisent aussitôt sa partie aérienne.

On connaît actuellement, au sud de l'archipel des Australes, en Polynésie française, un volcan sur le point d'émerger. Il a été repéré en 1967 par des géologues américains, qui ont enregistré une activité sismique dans son voisinage. Ils l'ont baptisé Macdonald, du nom du célèbre volcanologue américain, qui dirigea notamment l'observatoire d'Hawaii de 1951 à 1955. Le volcan se

Ci-dessus : *Des pillow-lavas, des laves en « oreillers », témoins d'une éruption sous-aqueuse, dans le Barranco Tamaraceite situé sur la Grande Canarie.*

situait à l'époque à une cinquantaine de mètres de profondeur et s'est depuis rapproché de la surface : il formera bientôt une île.

L'émersion d'une île volcanique a déjà été observée en 1957-1958 dans l'archipel des Açores, au milieu de l'Atlantique. Le 27 septembre 1957, une éruption sous-marine débute à un kilomètre de l'extrémité ouest de l'île Fayal, près des îlots Capelinhos. La mer se met à bouillonner. Des cendres fusent à grande vitesse de la mer, jusqu'à 1 400 mètres de hauteur. Un bateau, qui croisait dans les parages, a même failli couler. Bientôt, un nouvel îlot, en forme de fer à cheval, prend naissance puis se raccorde à l'île principale. Le cône volcanique, qui s'est formé sur des fonds auparavant à 80 mètres de profondeur, mesure finalement 1 kilomètre de diamètre et 150 mètres de hauteur au-dessus des flots mais il s'érode ensuite. La surface de l'île a augmenté de 2,4 kilomètres carrés quand l'éruption se termine, le 24 octobre 1958. Puis, une partie des nouveaux terrains, trop fragiles, a été rapidement emportée par les vagues et la côte a reculé de 20 mètres par an. Fayal s'est tout de même agrandie de 1 kilomètre carré. Aujourd'hui, on voit encore l'ancien phare à 1 kilomètre à l'intérieur des terres.

Ci-dessus : *Coraux à Moorea, en Polynésie française. Les volcans sous-marins qui émergent créent des îles, occupées ensuite par les espèces végétales et animales.*

Six ans plus tard, en 1963, au sud de l'Islande, une île nouvelle baptisée Surtsey a émergé ; elle existe toujours.

Ce type d'éruption, à faible profondeur, se traduit par des explosions très violentes, accompagnées d'éjection de cendres : on parle d'ailleurs de type surtseyen. Une fois l'émersion réussie, l'éruption continue, accompagnée de coulées de lave. Ces laves atteignent parfois à nouveau la mer : le cycle est alors bouclé. Ceci a été bien observé à Hawaii. Ainsi, le volcan crée des territoires nouveaux, colonisés par les végétaux, les animaux et, pourquoi pas, par l'Homme.

Inversement, des volcans âgés et inactifs peuvent s'enfoncer dans l'océan. S'ils sont situés en zone intertropicale, des coraux les recouvrent et forment les atolls circulaires, bien connus dans l'océan Pacifique, tels Bikini et Mururoa.

Pinatubo, Philippines, octobre 1995

Le 9 juin 1991, le Pinatubo, situé dans l'île de Luzon aux Philippines, entre brusquement en éruption après 611 ans d'inactivité. La phase explosive des 14 et 15 juin est une des plus importantes du XXe siècle : le panache éruptif atteint 40 kilomètres de haut. Au total, une dizaine de kilomètres cubes de tephra (cendres et ponces) sont expulsés, qui recouvrent les environs. 250 000 personnes sont évacuées. La base aérienne américaine Clark est fermée.

Pour aggraver la situation, un violent typhon appelé Yunya touche

Ci-dessus : *Le cratère sommital du Pinatubo et son lac d'acide, en octobre 1995. Le volcan a été décapité lors de son éruption paroxysmale de juin 1991.*

l'île de Luzon, le 14 juin. De nouveaux typhons s'abattent sur la région les 18 et 19 juillet. Ils marquent le début de la saison des pluies dans cette région intertropicale. Le mélange de ces trombes d'eau et des cendres en équilibre instable sur les flancs de l'édifice volcanique, provoque de véritables coulées boueuses. Celles-ci s'écoulent dans les vallées, emportent les ponts et recouvrent les villages, tuant des dizaines de personnes et laissant 1,2 million de sans-abri. Environ 200 coulées de boue, d'un volume total de 0,4 kilomètre cube, se succèdent jusqu'au mois d'octobre, quand commence la saison sèche. L'éruption dure plus d'un an puis cesse. Mais les risques de coulées boueuses persistent pendant plusieurs années car d'épais dépôts volcaniques subsistent.

Un volcan décapité

En octobre 1995, nous nous retrouvons une vingtaine d'experts internationaux, invités sur place par le gouvernement philippin. C'est l'occasion pour nous de faire le point sur ce type de phénomène redoutable et d'estimer les risques futurs. Un hélicoptère de l'armée philippine, sorte de gros insecte bourdonnant, nous permet de survoler la région. Le sommet du volcan a été littéralement décapité et a perdu 145 mètres de hauteur. À sa place s'ouvre un cratère béant. Les eaux de pluie s'y sont accumulées pour former un lac. Puis les abondantes fumerolles et sources ont transformé ces eaux en acide, d'une belle couleur vert turquoise. D'ailleurs des taches d'eau, localement plus claires, témoignent d'émissions sous-lacustres.

Les vallées rayonnantes, Pasig-Potrero, Abacan et Sacobia-Bamban à l'est, O'Donnell et Balin Baquero au nord, qui entaillent l'édifice, sont comblées de strates de boue sur plusieurs dizaines de mètres d'épaisseur, recreusées par endroits. Les dépôts, sculptés et ciselés par l'érosion, forment d'étonnantes figures géométriques. Certains ont barré des vallées, formant le lac de retenue Mapanuepe, qui a noyé une partie de la région à l'ouest du volcan. Ses eaux, colorées par

Ci-dessus : *La ville de Bacolor, située à une trentaine de kilomètres du cratère du Pinatubo, recouverte par des lahars après le passage du typhon Mameng le 1er octobre 1995, plus de quatre ans après l'éruption de 1991.*

les émissions hydrothermales et les bactéries, prennent des teintes étranges, du vert émeraude au rouge brique. Mais la digue naturelle risque de rompre à tout moment. Parfois, une violente explosion nous surprend : elle résulte de la vaporisation d'une poche d'eau dont le sol est gorgé. Au sud-est du volcan, une zone basse, marécageuse, près de la baie de Manille, disparaît entièrement sous un océan de boue : seules quelques toitures dépassent de ce paysage lunaire.

Une ville sous la boue

Nous découvrons la ville de Bacolor, située à 30 kilomètres du cratère du Pinatubo, ou plutôt ce qu'il en reste, quelques jours après le passage du typhon Mameng le 1er octobre. Ce jour-là, plus de 300 millimètres d'eau sont tombés en moins de 24 heures, soit plus du tiers des précipitations annuelles sur Paris ! La population, prévenue à 3 heures du matin, a eu trois quarts d'heure pour évacuer en pleine nuit ; la plupart des habitants ont pu être sauvés. Courageux, ils reviennent sur place pour essayer de faire revivre leur cité. Le pont principal, emporté, est remplacé par une passerelle de fortune en bambou. On essaye de dégager les maisons ensevelies jusqu'au

Ci-dessus : *Des coulées boueuses (lahars) continuent à s'épancher sur les flancs du Pinatubo. Ce phénomène catastrophique se renouvellera, à chaque saison des pluies, pendant une vingtaine d'années après l'éruption de 1991.*

toit mais on commence par nettoyer l'église. Il faudra aussi remettre en état les lignes électriques, les canalisations, etc. On patauge dans les rues dévastées, le long desquelles on retrouve, éparpillé, le contenu des habitations. Un ancien grand magasin est réduit à une carcasse ouverte aux quatre vents. Seule la tête de la statue d'un homme illustre émerge d'un champ boueux, sur ce qui a dû être la place principale. Partout règne une chaleur moite, accablante et une forte odeur de putréfaction. Les mouches et les moustiques ont envahi les lieux. La boue, durcie en surface, peut se transformer localement en de véritables sables mouvants. Deux Philippins, encordés pour ne pas être engloutis, essayent de nous expliquer qu'ils recherchent à l'aide de sondes métalliques de plusieurs mètres de long, la route et surtout leur camion, disparu. Ils ne désespèrent pas de pouvoir le récupérer avant que la boue soit complètement solidifiée car c'est leur indispensable outil de travail. Plus loin, un chantier est bien avancé : on construit des digues en béton et des bassins de rétention, en espérant qu'ils puissent endiguer les flots futurs.

Le surlendemain, nous remontons la vallée O'Donnell sur plusieurs kilomètres. Nous pataugeons dans une eau sale parfois très chaude, à la surface de laquelle flottent des ponces. Nous devons être prudents car nous risquons à tout instant d'être emportés par une nouvelle coulée boueuse, imprévisible. Des calculs, basés sur le volume de cendres déposées sur le volcan et la quantité évacuée chaque année, montrent que les coulées boueuses vont continuer leurs dégâts pendant encore vingt ans après la fin de l'éruption.

Heureusement, l'Institut philippin de volcanologie et de sismologie a acquis une expérience précieuse de prévision et de protection. Des guetteurs, dans des postes d'observation avancés, surveillent en permanence les vallées menacées. De retour en France, j'apprends le 3 novembre qu'un nouveau typhon, Rosing, a encore tué et dévasté le nord du pays, faisant 600 morts ou disparus et nécessitant l'évacuation de 500 000 personnes.

Ci-dessus : ***Les dépôts de lahars du Pinatubo, ciselés par l'érosion.***

Des lahars dévastateurs

Les coulées boueuses sont malheureusement bien connues. Les Indonésiens les appellent des *lahars* et ce terme a été adopté internationalement. Ils se produisent dès qu'il y a conjonction entre une importante masse de produits d'origine volcanique d'une part et une grande quantité d'eau d'autre part. Cette eau peut provenir d'une forte chute de pluie, d'une importante fonte de neige ou de glace ou de la vidange d'un lac de cratère. Le phénomène est favorisé par la pente raide de l'édifice, par la présence de failles et de niveaux d'argiles glissantes résultant de l'altération des roches par les fumerolles, parfois par une petite secousse sismique. La masse du lahar, constituée d'un mélange d'eau chargée de 40 à 80 % de matériaux solides, progresse à des vitesses de plusieurs dizaines de kilomètres par heure, sur quelques dizaines de kilomètres de distance. La température de l'ensemble est très variable, comprise entre la température ambiante et une centaine de degrés si la boue emballe des blocs magmatiques encore chauds. Son pouvoir destructeur est énorme. Après son dépôt, il peut s'indurer comme du ciment car il contient souvent des argiles.

Catastrophe en Colombie

Ce type de risque, redoutable, peut se produire plusieurs semaines, plusieurs mois voire plusieurs années après l'éruption proprement dite. Les lahars sont responsables de la dernière grande catastrophe volcanique humaine au Nevado del Ruiz en Colombie. Ce volcan englacé de la cordillère des Andes, culminant à 5 389 mètres, inactif depuis longtemps, était baptisé *el leon dormido* : « le lion endormi ». Mais il s'est réveillé en 1985. Une poche d'eau de fusion s'est formée sous la calotte glaciaire sommitale. Brusquement libérée le 13 novembre, elle se transforma en quatre lahars, qui déferlèrent sur les flancs du volcan puis se canalisèrent dans les vallées. Les villes d'Armero et de Mariquita à l'est, celle de Chinchina à l'ouest et bien d'autres, situées à des distances de 40 à 70 kilomètres du volcan, furent littéralement ensevelies sous plusieurs mètres de boues : 25 000 personnes périrent. À l'époque, les médias s'étaient attardés sur le calvaire d'une petite fille, Omeyra, immobilisée dans le flot boueux, les jambes coincées par les décombres. Enfin libérée, elle décédait d'épuisement lors de son transfert à l'hôpital. La ville d'Armero est maintenant invisible, recouverte d'une étendue plate de boue séchée et durcie. Un mémorial a été dressé en souvenir des victimes.

Des raz-de-marée meurtriers

Le 27 août 1883, le Krakatoa, volcan insulaire situé dans le détroit de la Sonde en Indonésie, fut le siège d'une des plus importantes éruptions historiques. L'île étant inhabitée, il n'y eut pas de victimes directes. Mais l'explosion, en libérant 18 kilomètres cubes de matériaux, engendra des vagues importantes, qui se propagèrent à la surface de l'océan. Certaines parcoururent une quarantaine de kilomètres et déferlèrent sur les côtes de Java et de Sumatra. Cette gigantesque lame de fond, d'une quarantaine de mètres de haut, noya 36 417 personnes. On retrouva ensuite un bateau à vapeur, le *Berouw*, à 2,5 kilomètres à l'intérieur des terres, témoin de l'ampleur du cataclysme.

Ces raz-de-marée sont appelés *tsunami* par les Japonais, ce qui signifie « grandes vagues dans le port ». Ils résultent d'une brusque modification de la topographie des fonds sous-marins, à la suite d'une éruption volcanique, d'un séisme ou d'un glissement de terrain. Il s'ensuit une succession de vagues sur la mer, d'amplitude inférieure au mètre, qui traversent l'océan sans faiblir à des vitesses de l'ordre de 1 000 kilomètres à l'heure soit celle d'un avion de ligne ! Ainsi un *tsunami* déclenché près des côtes chiliennes atteint Hawaii au milieu de l'océan Pacifique en 15 heures, ce qui laisse tout de même le temps de donner l'alerte. Près des côtes, quand le fond diminue, les vagues ralentissent fortement, à 100 kilomètres à l'heure ou moins. Mais leur amplitude augmente au fur et à mesure que les fonds diminuent pour atteindre plusieurs mètres ou dizaines de mètres de hauteur. Plusieurs trains de vagues se succèdent à intervalles de 5 à 40 minutes, le premier n'étant pas le plus important. Lors de la catastrophe du Krakatoa, les marégraphes situés en France, dans le golfe de Gascogne, ont encore enregistré une faible variation résiduelle du niveau de la mer, à 17 000 kilomètres du lieu d'éruption.

Ci-dessus : *Lors de l'éruption de Rabaul en Papouasie-Nouvelle-Guinée en 1994, ce bateau s'est retrouvé échoué sur la côte par un raz-de-marée. On voit le Vulcan en arrière-plan.*

DES GAZ TRÈS SOURNOIS

On aperçoit une immobile cascade de soufre qui s'est épanchée par une crevasse. On dirait des ruisseaux de féerie, de la lumière figée, des coulées de soleil. J'atteins enfin, sur le faîte, une large plate-forme autour du grand cratère.

Maupassant, en visite au Vulcano en 1890, *Vie errante*.

Les volcans rejettent une grande quantité de gaz, souvent même entre deux éruptions. Certains, toxiques, constituent un grand danger pour l'Homme.

La tragédie du lac Nyos, au Cameroun, en 1986

Au Cameroun, de nombreux cratères de volcans assoupis, alignés le long de failles majeures, sont occupés par des lacs d'eau douce. Les légendes locales font état de sorcières et de démons hantant certains lacs, maléfiques, mais aussi de fées habitant d'autres lacs, bienfaisants. Ces fables, transmises de génération en génération depuis des siècles, semblaient bien fantaisistes. Elles prirent brusquement tout leur sens un jour maudit d'août 1986.

Ci-dessus : *D'abondantes fumerolles soufrées, à une température de l'ordre de 500 degrés et jusqu'à 700 degrés, s'échappent en permanence de Vulcano dans les îles Éoliennes.*

Un lac maléfique

Deux ans auparavant déjà, le 15 août 1984, le lac Monoun avait exhalé un nuage de gaz toxique et tué 37 personnes. Le lac Nyos, voisin, de forme elliptique, occupe un grand cratère. Il mesure 1 800 mètres de long pour une profondeur de 208 mètres. Son niveau maximal, contrôlé par un déversoir naturel, se situe 100 mètres sous le point culminant (1 091 mètres) du volcan. Dans la nuit du 21 août 1986, il libère brusquement une grande quantité de gaz carbonique. Celui-ci, incolore, inodore et plus lourd que l'air, se répand silencieusement et immédiatement dans les vallées radiaires à l'édifice volcanique. Toxique à haute concentration, ce gaz asphyxie tous les êtres vivants des environs : les hommes, le bétail, les oiseaux, les insectes. Par contre, les végétaux n'en souffrent pas. Le lendemain, dans les villages de Nyos, Cha, Subum et Fang, situés jusqu'à 16 kilomètres en aval, on retrouve 1 746 habitants morts dans leur maison intacte ; les piles d'assiettes n'ont pas bougé. Le gaz a tué « sans pardon ». Les 845 survivants souffrent d'œdèmes pulmonaires et de conjonctivites.

Bilan : 150 millions de mètres cubes de gaz carbonique ont été émis. Deux hypothèses ont été avancées pour expliquer ce phénomène peu fréquent. Une émission brusque, à travers les eaux du lac, de gaz d'origine profonde, semble improbable en telle quantité. On pense plutôt que ce gaz a été libéré régulièrement et pendant longtemps par des fissures sous-lacustres et s'est accumulé dans les eaux profondes du lac. En effet, sous une forte pression, les eaux peuvent stocker du gaz carbonique à l'état dissous. Dans un deuxième temps, à la suite d'un phénomène mineur (petit séisme, pluie), les eaux de profondeur remontent en surface et se déchargent de leur contenu en gaz.

Les spécialistes se sont posé la question à propos de risques équivalents présentés par d'autres lacs volcaniques de par le monde, notamment en Auvergne. Dans cette région, deux lacs sont suffisamment profonds pour apparaître préoccupants : le lac d'Issarlès et le lac Pavin. Le premier, régulièrement vidangé par Électricité de France, n'a de toute façon pas le temps de

Formules chimiques des gaz volcaniques

H_2O : vapeur d'eau

CO_2 : gaz carbonique

SO_2 : dioxyde de soufre

H_2S : hydrogène sulfuré

CO : monoxyde de carbone

COS : oxysulfure de carbone ou sulfoxyde de carbone

CH_4 : méthane

HCl : acide chlorhydrique

HF : acide fluorhydrique

H_2 : hydrogène

O_2 : oxygène

S_2 : soufre

N_2 : azote

CS_2 : disulfure de carbone

SO_3 : trioxyde de soufre

NH_3 : ammoniac

stocker d'éventuels gaz. Les prélèvements des eaux profondes du Pavin n'ont révélé que la présence de méthane en faible quantité, sans danger.

À gauche : *Fleurs de soufre à Vulcano.*
Ci-dessus : *Jacques-Marie Bardintzeff échantillonne des cristaux de soufre à Vulcano.*

Une intervention ingénieuse

Au lac Nyos, on a estimé qu'il restait encore 300 millions de mètres cubes de gaz carbonique dissous dans les eaux, soit deux fois plus que la quantité émise le 21 août 1986, et il s'en rajoute 5 millions chaque année. Le danger persiste.
Aussi, un projet ingénieux a été élaboré, au cours des années 1990, pour débarrasser le lac de son contenu gazeux toxique. Des tuyaux, de quelques centimètres de diamètre et d'une centaine de mètres de longueur, sont immergés verticalement dans le lac. Une petite pompe permet d'amorcer la remontée des eaux profondes, qui continue spontanément, comme dans une bouteille de boisson gazeuse décapsulée qui déborde. Les eaux jaillissent à une dizaine de mètres de hauteur et libèrent le gaz carbonique dans l'atmosphère, en teneur inoffensive. On a calculé qu'un litre d'eau du lac contient 10 litres de gaz carbonique dissous. Ce scénario, baptisé « flûtes de Pan » ou « orgues de Nyos », a montré l'efficacité de l'opération. Mais il fallait aller encore plus loin ; un projet similaire à grande échelle a pu être monté. Un tuyau de 15 centimètres de diamètre a permis une libération significative du gaz. Les eaux, éjectées à 100 kilomètres à l'heure, montaient à 50 mètres de hauteur. Il fallait donc rester très prudent pour ne pas déclencher une nouvelle catastrophe !

Ci-dessus, à gauche et à droite : *Dépôts de soufre et marmite de boue soufrée au Papandayan (Java, Indonésie).*

Grâce aux aides internationales, une opération de grande envergure, basée sur ce principe, a débuté en janvier 2001. Une colonne de pompage dégaze 20 millions de mètres cubes par an sur les 300 millions de mètres cubes du lac ; il faudrait donc quatre autres colonnes similaires. On pourrait même songer à une éventuelle valorisation du gaz recueilli. Il s'agit, à terme, de purger complètement les eaux du lac en quelques années... donc déloger définitivement de leur repaire lacustre les sorcières, démons et autres esprits malfaisants. Au fait, on a retrouvé du gaz carbonique dans les lacs maléfiques et non dans les lacs bienfaisants : les légendes ancestrales n'étaient donc pas si fantaisistes !

L'haleine des volcans

Des gaz sont émis en permanence par les volcans, plus particulièrement au cours des éruptions, par le cratère principal, ou sous forme de fumerolles qui s'échappent d'orifices disséminés sur l'édifice. Entre deux éruptions, des gaz sont également libérés, en quantité mais de façon diffuse, par les flancs du volcan et restent invisibles.

Il s'agit essentiellement de vapeur d'eau (90 à 99 % le plus souvent) ainsi que de gaz carbonique, de composés soufrés (dioxyde de soufre et hydrogène sulfuré), de méthane, d'acides chlorhydrique et fluorhydrique, etc. Certains gaz s'enflamment spontanément au contact de l'air : l'hydrogène produit une flamme bleue, le soufre une flamme orange. Le dioxyde de soufre sort en

fumerolles bleutées dont il faut se méfier. La vapeur d'eau s'échappe en grandes volutes blanches plus inoffensives. Les températures s'échelonnent entre quelques dizaines et plusieurs centaines de degrés. À Vulcano, dans les îles Éoliennes au large de la botte italienne, des composés soufrés s'échappent de fissures, à plus de 200 degrés, parfois 700 degrés. Puis, ils se déposent sur les deux lèvres des fissures sous forme de fleurs de soufre cristallisé jaune d'or, aussi belles que fragiles.

Des laboratoires naturels

Deux volcans constituent de véritables laboratoires naturels : l'Arenal au Costa Rica et le Merapi en Indonésie. Ils libèrent des gaz à 900 degrés, invisibles et donc très dangereux. J'ai campé trois jours au sommet du Merapi en 1980. Bien que ce volcan soit situé très près de l'équateur, les nuits sont fraîches à 2 911 mètres. On passait nos veillées près de deux champs fumerolliens, Gendol et Woro, à une distance judicieuse pour trouver la bonne température entre les gaz brûlants et l'atmosphère glacée. Chaque orifice luisait dans la nuit : le volcan avait l'air de nous surveiller de ses multiples yeux rougeoyants. Vorace, il dévorait tous les déchets que nous jetions dans ses gueules : les emballages de boissons, en carton paraffiné, se consumaient immédiatement et disparaissaient dans la seconde ! Son cratère sommital libère chaque jour 3 000 tonnes de gaz carbonique, 400 tonnes de dioxyde de soufre, 250 tonnes d'acide chlorhydrique et 50 tonnes d'acide fluorhydrique.

En haut à gauche : *Jacques-Marie Bardintzeff mesure la température d'une fumerolle sur l'Etna.*
En haut à droite : *L'Arenal (1 552 mètres), au Costa Rica, est un gros producteur de gaz volcaniques.*
Ci-dessus : *Exhalaison de soufre au volcan Mutnovsky (Kamtchatka, Russie).*

La même année, sur l'Arenal, nous évoluions dans un brouillard moite de vapeur d'eau à la recherche d'orifices fumerolliens pour analyses. On ne voyait pas son compagnon à deux mètres et il fallait faire attention de ne pas mettre le pied sur un jet de gaz brûlant. Sous nos masques à gaz, la sueur nous coulait dans les yeux. En fin de mission, mes vêtements troués, les boucles métalliques de mon sac à dos rouillées et ma chaîne en argent noircie donnaient une idée de l'agressivité chimique de ces gaz.

En haut : *Cristaux de soufre sur l'île de Nea Kammeni au centre de la caldeira de Santorin.*
En bas : *Dépôts fumerolliens dans la caldeira de l'Erta Ale en Éthiopie.*

Cristaux et géodes

Les gaz volcaniques à haute température peuvent se sublimer en se refroidissant, c'est-à-dire passer directement de l'état gazeux à l'état solide. Il en résulte des dépôts solides, cristallisés, appelés « sublimés ». À Vulcano, à côté des dépôts de soufre jaune-orange, on trouve aussi de l'alun blanc, du gypse translucide, du réalgar, minerai d'arsenic rouge, et de la pyrite à l'éclat métallique.
De même, en profondeur, les fluides hydrothermaux à plusieurs centaines de degrés peuvent tapisser certaines cavités de cristaux, par exemple de zéolites : les géodes ainsi formées, d'une taille atteignant plusieurs dizaines de centimètres, feront plus tard la joie des minéralogistes.

La grotte du chien

Bien longtemps après une éruption, des fumerolles froides, à une quarantaine de degrés ou moins, les mofettes, essentiellement constituées de gaz carbonique, sortent encore. Dans les fameuses « grottes du chien », près de Clermont-Ferrand ou de Naples, ce gaz carbonique s'accumule dans la partie basse de la caverne : un homme debout n'y est pas incommodé mais son compagnon à quatre pattes tombe évanoui et doit être rapidement évacué. Par humour y a été installé un « banc des belles-mères » : un gendre indélicat, qui voudrait se débarrasser de la sienne, n'aurait qu'à l'inviter à s'y asseoir ! Plus simplement, on remarque qu'une bougie allumée s'éteint près du sol, par manque d'oxygène.

Ci-dessus : *Les fumerolles déposent de superbes cristaux sur les lèvres de petites fissures dans le cratère sommital de l'Ol Doinyo Lengai en Tanzanie.*
Ci-contre : *Au lac Abhé, dans la république de Djibouti, les dépôts hydrothermaux construisent d'étranges cheminées rocheuses.*

Les geysers

Ci-dessus, à gauche et à droite : *Le geyser Strokkur, en Islande, jaillit fidèlement toutes les dix minutes environ. Une bulle d'eau bleue éclate en une gerbe de vapeur.*

Geyser dérive du mot islandais *geysir*, qui signifie « jaillir ». L'Islande et Yellowstone, dans le Wyoming, sont de véritables paradis des geysers.

Islande

En Islande, à 75 kilomètres à l'est de la capitale Reykjavik, un site tout à fait étonnant, Geysir, mérite la visite. Dans ce domaine de vapeur, l'eau clapote, gargouille, bout, crache, siffle, jaillit dans un festival de couleurs ocrées.

Le geyser Strokkur occupe une large vasque minéralisée, d'une quarantaine de mètres de diamètre, constituée d'une roche siliceuse appelée geyserite. En son centre, s'enfonce un puits vertical cylindrique de 2 mètres de diamètre et d'une dizaine de mètres de profondeur : Strokkur signifie d'ailleurs « baratte » en islandais. De l'eau le remplit presque à ras bord mais manifeste rapidement des envies de débordement, témoin d'une forte pression profonde. Le niveau de l'eau monte de plusieurs centimètres, puis redescend plusieurs fois de suite. Subitement, se forme une gigantesque bulle, qui prend une infinité de teintes bleues, irisées. Ce phénomène merveilleux dure une fraction de seconde. Déjà, la bulle éclate en une somptueuse gerbe de vapeur d'eau d'une quinzaine de mètres de haut, qui retombe dans la vasque et regagne bien vite son trou. On reste émerveillé mais déçu par la rapidité du processus. Mais déjà l'eau frémit à nouveau, annonçant un nouvel épisode. Il suffit

Ci-dessus, à gauche et à droite : *Marmite de boue à Namaskard en Islande.*

de patienter une dizaine de minutes pour retrouver la bulle d'azur, encore plus belle, toujours fugitive. Il est difficile de s'arracher d'un tel spectacle. Et pourtant, tout autour, le sous-sol gronde.

Non loin de là, s'étend une vasque encore plus grande mais l'eau, inerte, se contente de refléter les couleurs changeantes du ciel. C'est Stori Geysir, le « grand geyser », malheureusement inactif actuellement. Une fois par an, les « amis du grand geyser » déversent dans le trou, profond de 23 mètres, 200 kilos de savon en paillettes, qui modifient les propriétés physiques de l'eau. Quelque temps après, le géant débonnaire se réveille et crache à une cinquantaine de mètres de haut. La présidente de la République se déplace parfois pour ce spectacle unique.

Continuons la visite. Blesi est une association de deux petites vasques rondes, aqueuses, et communicante : l'une, contenant de minuscules particules de silice, présente une splendide couleur bleu turquoise, l'autre reste presque incolore. Cinq mètres plus loin, Fata, un simple trou dans le sol, un peu ridicule, ne produit pas grand-chose : vexé, il éructe et crache furieusement un petit rot de vapeur en faisant plus de bruit que tous ses voisins. En dessous, Litli Geysir, une marmite naturelle bouillonne tranquillement. Smidur, « le menuisier », en continuelle ébullition, ronfle régulièrement. Deux sources jumelles se côtoient et tentent de se faire remarquer par leurs couleurs opposées : l'une rouge brique, l'autre gris-vert. Décidément, ces geysers sont bien cabotins !

Yellowstone, Wyoming

D'autres geysers extraordinaires se situent à Yellowstone Park, État du Wyoming, dans l'ouest des États-Unis. Le nom, qui signifie « pierres jaunes », traduit les couleurs exceptionnelles, dans tous les tons ocre, du paysage. Il s'agit d'une gigantesque caldeira, de 75 kilomètres par 45, profonde de quelques centaines de mètres, résultat de trois éruptions colossales, il y a 2,1 millions d'années (2 500 kilomètres cubes de tephra émis), 1,3 million d'années et 630 000 ans (1 000 kilomètres cubes). Elle est tellement grande qu'on ne la distingue pas dans le paysage. Quelque 300 geysers se côtoient, tous différents. Le plus célèbre est incontestablement Old Faithful, ce qui se traduit par « Vieux fidèle ». Il jaillit, avec une régularité d'horloge, toutes les 60 à 90 minutes depuis plus d'un siècle, à 40 mètres de hauteur

Page de gauche : *Morning Glory Pool, source thermale à Yellowstone (Wyoming, États-Unis). Les couleurs sont dues aux algues et aux bactéries vivant dans ces eaux chaudes.*
Ci-contre : *Le plus célèbre geyser de Yellowstone, Old Faithful, le « Vieux fidèle », jaillit toutes les heures ou heures et demi à 40-50 mètres de hauteur.*
Ci-dessous : *Castle geyser (Yellowstone, États-Unis).*

et parfois jusqu'à 56 mètres. Une formule empirique permet de prédire sa prochaine explosion, à quelques minutes près. Inversement, Minute geyser jaillit, comme son nom l'indique, toutes les minutes, mais seulement à 1 mètre de hauteur. Le Steamboat (ce qui signifie le « bateau à vapeur »), assez paresseux, s'arrête plusieurs heures mais il propulse son jet de vapeur jusqu'à 120 mètres de hauteur !

Nouvelle-Zélande, Chili, Kamtchatka

En Nouvelle-Zélande, on dénombre 20 geysers dans la région de Weirakei ; le Waimangu, inactif aujourd'hui, a détenu le record de hauteur : au début du XXe siècle, ses jets atteignaient 460 mètres, soit 800 000 litres d'eau toutes les quelques heures ! Au Chili, dans la plaine d'El Tatio, « l'ancêtre qui pleure », perchée au-dessus du désert d'Atacama à 4 350 mètres d'altitude, un champ de geysers ne fonctionne que la nuit et au petit matin, jusqu'au lever du soleil, à cause des importantes différences de température entre le jour et la nuit. À cette altitude, la température d'ébullition de l'eau est seulement de 86 degrés.
Au Kamtchatka, en Extrême-Orient russe, existe Malakhitovoi, la vallée des geysers, qui en contient une trentaine, dont le Velikan, géant mais paresseux, ou le Malinka (« petit »), qui jaillit toutes les demi-heures à plusieurs mètres de hauteur.
Le mécanisme de fonctionnement d'un geyser, jadis mystérieux, est maintenant bien connu. Un fort flux thermique chauffe la colonne d'eau en profondeur. La pression empêche l'ébullition (à 100 degrés au niveau de la mer) et la température atteint plusieurs degrés de plus. Cette eau chaude, plus légère, remonte, puis se vaporise car la pression diminue. En quelques secondes, le processus s'emballe et l'eau jaillit majestueusement en un mélange liquide-vapeur.

Les sources thermo-minérales

Dans les régions volcaniques « hydrothermales », les eaux se réchauffent dans le sous-sol et se chargent en différents éléments, qu'elles dissolvent au contact des roches et des gaz : ce sont les eaux thermo-minérales, qui sortent en source, le plus souvent le long d'anciennes failles. Leur température varie entre la température ambiante et celle de l'ébullition. Leur composition dépend directement du sous-sol : ces eaux contiennent de la silice, du magnésium, du calcium. En Islande, Deildartunguhver libère 180 litres d'eau à 97 degrés chaque seconde, ce qui constitue le plus important débit et la plus haute température d'Europe.

À Yellowstone, on ne dénombre pas moins de 10 000 sources thermales. Elles prennent des couleurs extraordinaires, grâce aux sels minéraux dissous et aux algues et bactéries qui vivent dans les eaux chaudes. Beryl Spring, Emerald Pool, Sapphire Pool, Opalescent Pool, Porcelain Basin sont autant de noms évocateurs. Morning Glory Pool décline toute une palette de couleurs, du vert au rouge. Fountain Paint Pot se compose de mares boueuses qui clapotent doucement en libérant leurs gaz. Par endroits, on croirait voir la palette d'un artiste géant. Au nord du parc, Mammoth Hot Springs, les plus grandes sources thermominérales pétrifiantes du monde, ont déposé du calcaire blanc en gigantesques terrasses étagées (Jupiter Terrasse et Minerva Terrasse).

Sources et fontaines, les unes intermittentes, les autres pétrifiantes, rivalisent par leur jeu d'eau.

Ci-dessus : *Dans la caldeira do Esguicho à Furnas, dans l'île de Sao Miguel, aux Açores, des sacs de maïs sont trempés dans les eaux bouillantes pour y être cuits.*
À droite en haut : *Une source ferrugineuse émerge à Andranomandroatra-Analavory, non loin du massif volcanique d'Itasy à Madagascar.*
À droite en bas : *Source thermale et ferrugineuse de Rebencao à Furnas aux Açores.*

DES CATACLYSMES VOLCANIQUES

Ignorer le passé, c'est raccourcir l'avenir.

Julien Green, *in Julien Green en liberté*,
entretien avec Marcel Jullian.

Pendant la préhistoire et l'Antiquité, des volcans ont anéanti des villages, des villes, voire des civilisations entières. Bien plus tard, leurs vestiges, d'un intérêt historique capital, ont été dégagés. Ces cités ont pris leur revanche en devenant célèbres et immortelles.
Dans des temps géologiques bien plus reculés, des périodes d'intense activité volcanique ont dû modifier le climat terrestre à l'origine de la disparition d'espèces animales et végétales aujourd'hui fossiles.
Ce qui s'est passé jadis pourrait se produire dans l'avenir...

Santorin, un témoin de l'Atlantide ?

Ci-dessus : *La caldeira de Santorin, envahie par la mer, résulte d'une éruption cataclysmique. En son centre, Nea Kammeni est une île volcanique active.*

L'île grecque de Santorin, située dans la mer Égée à 100 kilomètres au nord de la Crète, appartient à l'archipel des Cyclades. Elle représente un des maillons d'un arc volcanique actif, comme les îles de Methana, Milos, Kos et Nysiros, sièges d'une activité récente sinon actuelle.

Un anneau volcanique

La forme de Santorin, tout à fait unique, est celle d'un anneau incomplet, constitué par l'île principale de Thera, celle de Therasia et du petit îlot d'Apronisi. Ceci lui a valu dans l'Antiquité

Ci-dessus : *Fira, la ville principale de l'île, surplombe les rebords de la caldeira de Santorin, gigantesque cratère de 8 kilomètres de diamètre et de 600 mètres de profondeur, qui résulte d'un cataclysme daté de l'ère minoenne, probablement aux XVIe-XVIIe siècles av. J.-C.*

le nom de Strongylé (la ronde) mais aussi celui de Kallisté (la belle). Des falaises de 300 mètres tombent à pic dans la mer, du côté interne de l'anneau, alors que la pente est régulière vers l'extérieur. C'est un cratère gigantesque, une véritable caldeira. Celle-ci mesure 8 kilomètres de diamètre et jusqu'à 400 mètres de profondeur en dessous du niveau de la mer. Les falaises révèlent des roches volcaniques multicolores, du noir au blanc, en passant par les ocres et les pourpres, empilées les unes sur les autres, témoins d'une histoire géologique très complexe. En effet, les laves les plus anciennes datent de 600 000 ans. Depuis cette époque, et jusqu'à aujourd'hui, les éruptions se sont succédé régulièrement : on dénombre, grâce aux dépôts de ponces et de cendres volcaniques, douze éruptions cataclysmales et une centaine de moindre importance ! À quatre reprises au moins, l'éruption a été suivie par un effondrement formidable de toute la partie centrale de l'île. Mais entre-temps, de nouveaux volcans reconstituaient l'ensemble ou une partie seulement.

Une éruption cataclysmale

La dernière éruption cataclysmale date de la fin de l'âge du bronze, plus exactement de l'époque minoenne, entre le XVIe et le

XVIIe siècle av. J.-C. Environ 100 kilomètres cubes de ponces ont été éjectés, qui recouvrent l'ensemble de l'île et les îles environnantes, telle Kos à 180 kilomètres. Des cendres ont même atteint l'Égypte distante de 600 kilomètres. Lors de campagnes océanographiques, on a retrouvé ces dépôts par forage dans l'ensemble de la Méditerranée orientale. La colonne éruptive a dû atteindre une trentaine de kilomètres de hauteur. Des raz-de-marée ont déferlé jusqu'en Crète, en vagues de plusieurs dizaines de mètres de hauteur. Le port de Knossos fut balayé. La civilisation minoenne, qui régnait sur cette partie de la Méditerranée, a été complètement détruite.

L'Atlantide ?

Des fouilles archéologiques dirigées par le professeur Spiros Marinatos à partir de 1967, puis par le professeur Christos Doumas, ont permis de dégager, des cendres et des ponces volcaniques, l'ancienne cité d'Akrotiri, au sud de l'île. Une ville, qui devait abriter 6 000 personnes, étonnante par son urbanisme et sa modernité, est alors réapparue : maison de trois étages ornée de fresques, bains et systèmes d'écoulement fonctionnel, moulins, magasins où regorgeaient la nourriture et le vin, comme en

Ci-dessus : *Les fouilles archéologiques d'Akrotiri ont dégagé des ponces volcaniques les ruines d'une merveilleuse cité antique, témoin d'une civilisation très avancée.*

témoigne l'alignement des grandes jarres et amphores. Cette civilisation fut brusquement anéantie par un cataclysme. Mais il semblerait que les habitants aient pu prendre la fuite (peut-être en bateau) car on n'a pas retrouvé de cadavres. Jusqu'où sont-ils allés ? Voilà qui rappelle le fameux mythe de l'Atlantide, continent fabuleux englouti sous les flots.

Dans ses écrits (le *Timée* et le *Critias*), le philosophe grec Platon reprend en effet, au IVe siècle av. J.-C., une ancienne légende orale, celle d'un pays merveilleux « plus vaste que la Libye et l'Asie réunies » , habité par les Atlantes, descendants de Poséidon, dieu de la mer et des séismes, et d'une femme mortelle nommée Cléito. Les Atlantes étaient de bons marins, qui déifiaient le taureau, ce qui rappelle les Minoens. « Près du palais royal, deux sources, l'une chaude, l'autre froide, alimentaient les bains et les réservoirs. » Un temple, un jardin, un gymnase et un hippodrome se côtoyaient dans ce véritable paradis terrestre. Puis les Atlantes, victimes de leur corruption et leur avidité, devinrent arrogants et furent punis par Zeus, qui déclencha des séismes et des inondations. On peut penser que Santorin et l'Atlantide ne font qu'un... bien que Platon, un millénaire plus tard, ait multiplié certains chiffres ou dates par dix ! Le fameux continent était une île superbe. Santorin l'est redevenue aujourd'hui.

Une île enchanteresse

Aujourd'hui, visiter Santorin est un enchantement. Les villes de Thira et Oia, toutes blanches avec leurs coupoles bleues, sont suspendues au-dessus des falaises. En contrebas, des petits ports abritent les bateaux. Entre les deux, un chemin pentu était jadis emprunté par les mules. On dit que la promenade sur le « balcon » de Thira au coucher du soleil est la plus belle du monde ! La meilleure période pour visiter Santorin se situe en avril-mai. Après, les touristes affluent : la population passe alors de 9 500 à 80 000 habitants ! 850 000 personnes visitent Santorin chaque année.

Une excursion en bateau au centre de la caldeira s'impose. Car depuis le cataclysme minoen deux petites îles ont surgi : Palea Kammeni « l'ancienne » au début de l'ère chrétienne et Nea Kammeni « la nouvelle » à partir du XVIe siècle. On y découvre des cratères et des champs de laves, comme le laisse penser le nom de Kammeni qui signifie « brûlé ». À Nea Kammeni, il faut être prudent car des fumerolles sortent à 95 degrés et déposent des fleurs jaunes de soufre et blanches de gypse et d'anhydrite. À Palea Kammeni, des sources thermales et ferrugineuses jaillissent en bord de mer. Un bain dans l'eau chaude, au milieu des bulles, est bien agréable. La dernière éruption remonte à l'année 1950 sur Nea Kammeni. À 7 kilomètres au nord-est de l'île de Santorin, un volcan sous-marin, Kolumbos, est situé à 18 mètres sous les flots. En 1649-1650, il a émis des gaz toxiques, qui ont tué une cinquantaine de personnes. Le volcan de Santorin ne dort que d'un œil !

Ci-dessus : *La ville de Oia est perchée sur le bord de la caldeira de Santorin, qui révèle un empilement de dépôts de cendres volcaniques. Cette ville a été gravement endommagée lors du séisme de 1956.*

Pompéi ensevelie sous les cendres et les ponces

Le Vésuve, le plus célèbre volcan du monde, menace continuellement toute la région de Naples. L'antique ville de Pompéi en témoigne dramatiquement. Celle-ci, détruite une première fois lors d'une éruption ou d'un séisme en 62 ou 63 apr. J.-C., fut reconstruite plus belle encore. Elle devint un « lieu de débauche et de plaisirs » jusqu'en août 79 apr. J.-C., quand le Vésuve entra dans une colère d'apocalypse.

Des fouilles archéologiques

Les ruines de Pompéi furent découvertes au XVIe siècle et les fouilles entreprises au XVIIIe. Elles ont mis au jour une ville dotée d'un plan d'urbanisation remarquable. Aujourd'hui, le visiteur parcourt, comme dans l'Antiquité, des rues joliment pavées avec, par endroits, des plots permettant aux piétons de traverser, ancêtres de nos passages protégés. Il pénètre dans des villas ornées de fontaines et de mosaïques, admire le théâtre ou s'aventure dans un ancien lieu de perversité où de gentilles dames pratiquaient le plus vieux métier du monde comme en témoignent des fresques suggestives. Mais partout la silhouette du Vésuve se détache à l'horizon, toujours menaçante.

Un scénario d'apocalypse

Le scénario de l'éruption de 79 apr. J.-C. est parfaitement connu grâce aux documents de l'époque et à l'étude actuelle des dépôts volcaniques toujours visibles. Les processus éruptifs ont été réinterprétés en tenant compte des connaissances les plus récentes. Voici un exemple unique de confrontation entre l'histoire antique et la volcanologie moderne.

Pline le Jeune, dans ses deux *Lettres à Tacite* écrites en 104, raconte en détail le déroulement de la catastrophe. Son oncle et père adoptif, Pline l'Ancien, amiral de la flotte de Misène de l'autre côté de la baie, auteur d'une vaste *Histoire naturelle* en 37 livres, mourut asphyxié en portant secours aux sinistrés. L'oncle et le neveu mériteraient le titre de premiers volcanologues. L'éruption débute brusquement le 24 août 79, à 13 heures.

Immédiatement, une immense colonne de cendres s'élève verticalement jusqu'à 14 kilomètres de hauteur. Pline le Jeune le décrit : « Le neuvième jour avant les calendes de septembre, apparaît un nuage d'une grandeur et d'une apparence extraordinaires », qu'il compare à « un immense pin parasol ». Vers 17 heures, des toits des maisons de Pompéi, située à 9 kilomètres au sud-est du volcan, s'effondrent. Dans la soirée, l'éruption redouble de violence comme en témoigne sur le terrain la transition entre des ponces blanches et des ponces grises : le champignon éruptif atteint 32 kilomètres de hauteur. Le 25 août à 1 heure du matin, une nuée ardente un peu particulière, très explosive car chargée en gaz, déferle sur la ville d'Herculanum. Elle sera suivie de cinq autres : la cinquième anéantit Pompéi et la sixième et dernière atteint le cap Misène. L'éruption se termine à 8 heures du matin.

Au total, plus de 10 kilomètres cubes de matériaux volcaniques ont été émis. Pompéi fut enfouie sous 7 mètres de cendres et de ponces, Herculanum sous une coulée boueuse de 15 à 25 mètres d'épaisseur. Une troisième cité, Stabies, fut également détruite. À Pompéi, on a retrouvé dans les cendres soudées des cavités correspondant aux corps des habitants et de leurs animaux en train de fuir. Des moulages en plâtre, effectués par l'archéologue Giuseppe Fiorelli, ont permis de reconstituer ces scènes tragiques. On a dégagé relativement peu d'ossements à Pompéi. On estime le nombre de victimes à 2 000 environ sur les 25 000 habitants de l'époque, ce qui prouve que la majorité d'entre eux ont eu le temps de prendre la fuite. À Herculanum, les 5 000 habitants s'étaient réfugiés près de la côte pour essayer de fuir en bateau mais nombre d'entre eux ont été ensevelis par des coulées de boue brûlante.

Akrotiri, Pompéi, autant de villes anéanties par des cataclysmes volcaniques mais paradoxalement sauvées des guerres et des pillages, aujourd'hui dégagées et admirées, prennent, plusieurs siècles plus tard, une sorte de revanche.

En haut : *Une rue pavée et un passage protégé dans la ville antique de Pompéi, dégagée des retombées de ponces du Vésuve.*
En bas : *Les ruines de Pompéi. On distingue au fond la silhouette du Vésuve, toujours menaçant.*

Une énergie formidable

Ci-dessus : *Le Bembow au Vanuatu, de 1,5 kilomètre de diamètre, est l'un des cratères actifs à l'intérieur de l'immense caldeira d'Ambrym, large de 12 kilomètres.*

Lors des éruptions catastrophiques, les volcans libèrent un volume considérable de matériaux, associé à une formidable énergie.

La plus grande éruption historique a eu lieu les 10 et 11 avril 1815 au Tambora en Indonésie. Ce fut aussi la plus grande catastrophe volcanique humaine de tous les temps puisque 92 000 personnes périrent : 12 000 des conséquences directes de l'éruption et 80 000 de la famine qui suivit car toutes les cultures avaient été détruites. Entre 150 et 175 kilomètres cubes de tephra ont été émis en 24 heures, soit l'équivalent d'un cube de plus de 5 kilomètres de côté ! L'énergie mise en jeu a été calculée à $1{,}4.10^{27}$ ergs soit $1{,}4.10^{20}$ joules, ce qui correspond à presque dix millions de fois la puissance de la bombe atomique d'Hiroshima.

L'édifice volcanique s'est abaissé d'un seul coup de 4 300 à 2 851 mètres. Il reste dans la jungle un trou de 6 kilomètres de diamètre et de 1 300 mètres de profondeur. Il s'agit d'une caldeira, conséquence de la fantastique explosion mais aussi d'un effondrement, qui a compensé le vide créé par le magma émis.

Les caldeiras les plus importantes résultent essentiellement d'un effondrement. La caldeira de Toba à Sumatra, de forme elliptique, mesure 100 kilomètres de long et 30 de large. Elle est occupée par un lac, avec au centre l'île de Samosir. L'éruption s'est produite il y a 75 000 ans. On estime le volume émis à 2 800 kilomètres cubes. On a retrouvé par forage sous-marin des produits de l'éruption au large de l'Inde, à 2 000 kilomètres du volcan.

Une nouvelle éruption de ce type se reproduira forcément dans le futur quelque part sur Terre.

Un hiver volcanique ?

L'Américain Benjamin Franklin, l'inventeur du paratonnerre, qui passait l'hiver 1783-1784 en Europe, remarqua que les températures étaient anormalement basses pour la saison. Le premier, il pensa que cela pouvait être la conséquence d'une éruption volcanique, plus particulièrement celle du Laki en Islande, qui avait débuté quelques mois auparavant.

Une balafre géologique

L'éruption du Laki dura neuf mois, de juin 1783 à février 1784. La Terre s'ouvrit en une gigantesque fissure, de 25 kilomètres de longueur ; les coulées de lave progressèrent sur 60 kilomètres et, au total, 15 kilomètres cubes de lave se déversèrent et recouvrirent 565 kilomètres carrés. C'est le record historique des éruptions laviques. Aujourd'hui, il reste une plaie béante, cicatrice planétaire aux lèvres encore boursouflées de 115 cratères. Ce fut une catastrophe pour l'île. Des cendres en abondance ont recouvert les pâturages. Le bétail, empoisonné par l'ingestion de ces cendres riches en fluor, fut décimé. La moitié des bovins et trois quarts des ovins et des chevaux périrent, provoquant une terrible famine. 9 336 personnes, soit un quart de la population de l'Islande à cette époque, moururent. Un exode massif s'ensuivit. L'Islande faillit devenir un désert. Les particules de cendres et surtout les gouttelettes de gaz en

Ci-dessus : *Les coulées de lave du Laki, émises en 1783, à Eldhraun, en Islande, sont maintenant recouvertes de mousses.*

suspension, sorte d'aérosol dans l'atmosphère, ont eu pour effet d'arrêter une petite partie des rayons solaires. Ceci provoqua un abaissement de la température sur l'ensemble de l'Europe, comme en témoignent les documents météorologiques de l'époque. Suivirent des années noires de misère et de disette pour la population, qui, à l'époque, était essentiellement paysanne. Six ans plus tard, la Révolution française éclatait. L'éruption du Laki a probablement une part de responsabilité !

Ci-dessus : *La fissure éruptive du Laki en Islande résulte d'une éruption cataclysmale en 1783-1784. Il reste une gigantesque cicatrice de l'écorce terrestre qui mesure 25 kilomètres de long et comporte 115 cratères.*

Pendant les années suivant cette éruption du Laki puis d'autres volcans, les levers et couchers de soleil devinrent particulièrement étranges. Les particules en suspension provoquaient en effet un rougeoiement tout à fait inhabituel, saisissant. Certains pensent que des phénomènes analogues ont, plus tard, par leurs couleurs, été à l'origine de la peinture impressionniste. Mais ceci est une autre histoire.

Une année sans été

1816, année qui suivit l'éruption majeure du Tambora en Indonésie, fut appelée « l'année sans été ». Il plut, neigea et gela anormalement un peu partout dans le monde. En Europe, les effets des maigres récoltes s'ajoutèrent à ceux des guerres napoléoniennes. C'est précisément en 1816, dans un contexte d'obscurité et de tristesse, que Mary Shelley écrivit *Frankenstein*. Des mesures scientifiques ont été faites à la suite de la grande éruption du Pinatubo en juin 1991. Ce volcan a propulsé des particules jusqu'à 40 kilomètres d'altitude, dans la stratosphère, couche de l'atmosphère située au-dessus de 15 kilomètres. Celles-ci se sont ensuite réparties en une ceinture équatoriale autour de la Terre. Au mois d'août de la même année, le volcan Hudson, au Chili dans l'hémisphère sud, est entré à son tour en éruption. Ses effets se sont ajoutés à ceux du Pinatubo. Des mesures effectuées à partir de satellites météorologiques ont montré que l'atmosphère était significativement polluée en particules. La température moyenne mondiale a baissé de trois dixièmes de degrés l'année suivante. Cette baisse s'est ensuite atténuée mais a duré quatre ans.

Des années de mauvais temps ont suivi la plupart des éruptions majeures, comme celles du Tambora et du Laki. Pendant deux ans, en 536 et 537, on trouve la description d'un nuage mystérieux en Europe, au Moyen-Orient et en Asie, qui résulte probablement d'une éruption dont on a perdu la trace, en Papouasie peut-être ? Le soleil apparaissait dix fois moins brillant que d'habitude.

Déjà, aux temps préhistoriques

Dans les temps très anciens, des émissions exceptionnelles de lave, quasi ininterrompues pendant des milliers d'années, ont recouvert des régions entières.

Il y a 14,7 millions d'années, dans le nord-ouest des États-Unis, à la frontière des États de Washington, Idaho et Oregon, l'éruption de Roza, qui a duré environ dix ans, a rejeté 1 300 kilomètres cubes de produits volcaniques sur une surface de 40 300 kilomètres carrés et induit une baisse de température ambiante de 5 à 15 degrés pendant une dizaine d'années.

Il y a 66 millions d'années, dans l'ouest de l'Inde, dans la province du Deccan, un empilement de plus d'une centaine de coulées, soit une épaisseur totale de plus de 3 kilomètres, appelé *trapps*, a recouvert, en 500 000 ans, une superficie de la taille de la France. Leur volume est estimé à 2 millions de kilomètres cubes, sans compte une importante quantité de lave, qui s'est répandue sous la mer et sans oublier toutes les roches érodées.

On peut même imaginer, dans certains cas extrêmes, qu'une telle densité de poussières et de gaz volcaniques a fait qu'en plein jour, le soleil devait briller à peu près comme la pleine lune !

Ces périodes d'intenses activités volcaniques ont dû perturber gravement le climat terrestre, jusqu'à provoquer de véritables « hivers volcaniques ». Sont-ils à l'origine de la disparition des dinosaures ? Disparition qui pourrait résulter également de la chute d'une énorme météorite à Chicxulub dans le Yucatán mexicain où l'on a découvert un cratère d'impact de 180 kilomètres de diamètre.

Ci-dessus : ***Veidivötn, en Islande, est une autre fissure éruptive, antérieure à celle du Laki, aujourd'hui occupée par une succession de lacs.***

LA PRÉVISION ET LA PRÉVENTION

Je prends un maximum de risques avec un maximum de précautions.

Rudyard Kipling.

Les Gaulois craignaient que le ciel leur tombe sur la tête ! De tout temps, l'Homme a redouté les colères de la nature et a cherché à s'en protéger. S'il est difficile, voire impossible, de lutter contre une éruption, la prévision devient envisageable. En effet, les volcanologues disposent actuellement d'appareils scientifiques précis, qui permettent une véritable « auscultation » du volcan. Il faut aussi prévoir des plans d'évacuation pour les populations menacées.

Les volcans meurtriers

On dénombre 1 511 volcans actifs au cours des dernières 10 000 années ayant produit 8 500 éruptions, sans compter les éruptions des nombreux volcans sous-marins. Depuis 1700, on dispose de statistiques précises et complètes. Au cours de ces trois siècles, 27 catastrophes ont fait plus de 1 000 victimes chacune. En ajoutant d'autres événements meurtriers, parfois moins dramatiques, on comptabilise au total 265 000 victimes. Chaque année, on recense en moyenne une quarantaine d'éruptions volcaniques, qui ne durent le plus souvent que quelques jours.

Ci-dessus : *La ville de Rabaul en Papouasie-Nouvelle-Guinée, a été enfouie sous les cendres émises en septembre 1994 par le Tavurvur et le Vulcan. Ses habitants ont pu être évacués à temps.*

Il faut bien distinguer l'éruption qui se produit en milieu désertique et le risque proprement dit, qui, en région habitée, menace l'Homme et ses biens. À titre indicatif, une éruption d'importance moyenne, sans morts d'hommes, fait à peu près 150 millions d'euros de dégâts.
Une centaine de volcans dans le monde sont considérés comme particulièrement dangereux. Un grand nombre d'entre eux sont situés dans les pays les plus pauvres de la planète. Aussi l'organisation internationale des Nations unies a-t-elle décidé de consacrer des programmes à la lutte contre les effets des catastrophes naturelles. Ceci se traduit par une importante et étroite collaboration entre les différents pays, tant sur le plan humain que matériel.

Une protection illusoire

Il semble évident que l'on ne peut empêcher le déclenchement d'une éruption ou lutter contre les éléments déchaînés. Quelques tentatives ont cependant été faites, couronnées de succès mitigés.
Est-il possible de détourner une coulée de lave ? En février-mars 1973, sur l'île d'Heimaey en Islande, un nouveau volcan, l'Eldfell, entra brusquement en activité sur les flancs d'un édifice plus ancien, l'Helgafell. Une coulée de lave était en train de recouvrir une partie de la ville, que les 5 300 habitants avaient évacuée. Pire, elle menaçait d'obstruer le port, donc de condamner définitivement les activités de pêche, base de l'économie de toute l'île. Les pompiers, restés sur place, aspergèrent alors sans relâche le front de la coulée active avec de l'eau de mer, pompée puis projetée avec leurs lances à incendie, débitant jusqu'à 12 000 tonnes d'eau par heure. Ils arrivèrent ainsi à détourner le chemin de la coulée. Non seulement le port était sauvé mais il était même prolongé d'une digue naturelle fabriquée par la lave du volcan !
Lors de la longue éruption de l'Etna, entre décembre 1991 et mars 1993, une grande barrière de terre et de rochers fut édifiée

à titre préventif, pour tenter de stopper l'avancement des coulées. La barrière, longue de 234 mètres et haute de 21, est terminée à la mi-janvier 1992. Dès le 14 mars, les laves atteignent le pied de la barrière, en comblent l'espace, puis la contournent le 7 avril et débordent le 8 !

En 1919, les 38 millions de mètres cubes du lac d'acide qui occupaient le cratère du Kelut en Indonésie, s'étaient brutalement déversés en lahars meurtriers sur les environs densément peuplés, faisant 5 110 victimes. Un lac encore plus important s'étant reformé, une telle catastrophe menaçait de se renouveler à tout moment. Les Hollandais, qui colonisaient l'Indonésie à cette époque, ont conçu en 1926 un astucieux système de tunnels latéraux, construits à la dynamite, pour vidanger ce lac dangereux. Le niveau fut abaissé de 56 mètres et le volume ramené de 65 millions à 3 millions de mètres cubes. L'éruption de 1951 ne fit pas de victimes. Hélas, les tunnels furent ensuite obstrués et, en 1966, on déplora encore des centaines de morts. Un nouveau tunnel, construit par les Indonésiens en 1967, maintient depuis le lac à un niveau qui ne présente aucun danger.

En septembre 2001, le lac du Pinatubo, dont le niveau atteint

Ci-dessus : *Sur l'île d'Heimaey, en Islande, la ville a été recouverte en grande partie en 1973 par les coulées de lave de l'Eldfell, un nouveau volcan né sur le flanc de l'Helgafell.*

Depuis 1700, les volcans ont fait **265 000 victimes.**

celui du cratère, menace à tout moment de déborder ; son volume est estimé à 210 millions de mètres cubes. Un canal est alors rapidement creusé, de 75 mètres de long, 2 mètres de large et 4 mètres de profondeur, qui draine le lac de 24 millions de mètres cubes en 5 heures.
Mais en général les moyens humains sont totalement inefficaces face à la puissance des éruptions.

Des dangers à maîtriser

Selon le type éruptif, les volcans présentent des risques bien différents. Certains, immédiats, sont des conséquences directes de l'éruption. Les coulées de lave ne présentent pas de dangers majeurs pour l'Homme mais peuvent détruire l'ensemble de ses biens : habitats, voies de communication, cultures. Inversement, les gaz, lorsqu'ils sont émis seuls, ont un effet destructeur limité mais asphyxient les êtres vivants, hommes et animaux. Les retombées de cendres et de bombes et surtout les nuées ardentes constituent autant de risques majeurs pour les hommes et leurs biens. En outre, de violents orages se déclenchent souvent lors des éruptions volcaniques et des personnes meurent foudroyées.

Ci-dessus : *À Vulcano, une fissure libère d'abondantes fumerolles soufrées.*

Plusieurs risques apparaissent différés dans le temps. Ils suivent l'éruption de plusieurs jours, mois ou années. Les coulées boueuses, appelées aussi lahars, se produisent régulièrement dans les pays intertropicaux à la saison des pluies. Plus généralement, un volcan est une montagne particulièrement instable, régulièrement secouée par de petits séismes, avec des failles, des roches altérées argileuses et glissantes. Des éboulements de dômes appelés « avalanches rocheuses » par similitude avec les avalanches neigeuses et des glissements de terrain y sont donc fréquents, même en période non éruptive.
Certains risques sont différés dans l'espace. Autrement dit, le volcan a un effet destructeur dans une zone éloignée. Dans le cas des volcans insulaires ou côtiers, les raz-de-marée, appelés aussi *tsunami*, sont de gigantesques vagues, provoquées par un

brusque changement local de la topographie. Elles déferlent sur des côtes éloignées de plusieurs dizaines, voire centaines ou milliers de kilomètres.
Enfin, certains risques, typiquement anthropogéniques, résultent indirectement de l'occupation et des activités humaines. Lors d'une éruption, des courts-circuits dans les installations électriques ou des ruptures de canalisation de gaz peuvent incendier une ville. Un barrage, qui cède sous le poids des matériaux volcaniques, peut provoquer une inondation. Les grandes mégapoles sont les plus exposées.
Les volcanologues doivent prendre en compte l'ensemble de ces risques.

Une surveillance de chaque instant

On dénombre, dans le monde, une centaine de volcans très dangereux, qui doivent être surveillés jour et nuit. Disposer d'un observatoire permanent constitue un cas idéal. Il faut le construire dans un endroit judicieux, ni trop près du volcan, car il pourrait être endommagé, voire détruit, ni trop loin, ce qui interdirait toute observation fructueuse. Le meilleur emplacement est une colline qui fait face au volcan tout en étant relativement protégée. Les premiers observatoires ont été construits en 1841 au pied du Vésuve sur ordre de Ferdinand II de Bourbon, roi des Deux-Siciles, en 1903 à la montagne Pelée et en 1912 à Hawaii. Aujourd'hui, la très grande majorité des volcans à hauts risques bénéficie de tels observatoires. Ceux-ci abritent des appareils performants, gérés par un personnel qualifié, qui se relaie en permanence, 24 heures sur 24. Pour les pays possédant plusieurs volcans menaçants (Papouasie-Nouvelle-Guinée, Vanuatu, etc.), on dispose des stations de surveillance automatique, reliées à l'observatoire central par radio haute fréquence. En cas de menace, le staff scientifique peut intervenir et disposer des instruments supplémentaires sur l'édifice.
Bien sûr, tous ces dispositifs demandent un effort financier non négligeable. Les vies humaines n'ont pas de prix mais elles ont un coût.

Ci-dessus : *Une station de surveillance volcanique au pied du Yasour au Vanuatu. De gauche à droite : un pluviomètre, un séismographe et une sonde thermique. Un panneau solaire permet d'alimenter les batteries.*

Des appareils performants

Différentes méthodes complémentaires permettent une surveillance rigoureuse du volcan.

Le magma, qui monte de la profondeur et se dirige vers la surface, provoque une grande quantité de petites secousses, à peine perceptibles par l'Homme. Mais les sismographes, d'une grande sensibilité, détectent ces frémissements caractéristiques appelés tremors, de faible amplitude mais de très haute fréquence. Ces signaux alarmants se produisent le plus souvent entre 24 et 48 heures avant une éruption, parfois quelques jours ou au contraire quelques dizaines de minutes seulement.

Parallèlement, cette montée magmatique provoque un gonflement, une inflation de l'ensemble de l'édifice, à une échelle millimétrique, centimétrique ou décimétrique. Les fissures s'écartent. Des géodimètres permettent de mesurer une distance précise entre deux points repères, fixés une fois pour toutes et situés à une cinquantaine de mètres l'un de l'autre. À plus grande échelle, on utilise des rayons lasers, qui se réfléchissent sur des micro-réflecteurs installés sur le volcan. Le temps du parcours permet d'estimer une distance de plusieurs kilomètres avec une précision au millimètre. Des inclinomètres permettent de détecter des variations de pentes de quelques microradians. Ainsi, on pourrait déceler la variation angulaire créée en glissant deux pièces de monnaie sous une barre d'un kilomètre de long. Cette méthode s'appelle la « tiltmétrie ».

Par ailleurs, la montée d'un magma modifie les champs gravimétrique, magnétique et électrique. Mais l'interprétation des mesures reste toujours très complexe.

Les fumerolles à haute température, qui sortent en permanence du volcan, peuvent changer en fonction de l'activité de celui-ci. Aussi analyse-t-on régulièrement les variations de leur température, de leur composition et de leur débit, qui peuvent témoigner d'une reprise d'activité prochaine. De même, on prélève, pour analyse, l'eau des sources périphériques, qui drainent l'édifice volcanique.

Enfin, on a également recours aux images prises par les satellites qui tournent inlassablement autour de notre planète. Ces images permettent le suivi régulier de volcans parfois difficilement accessibles, tels les volcans andins très élevés, qui menacent cependant des villes situées en contrebas. Ces images sont colorées en « fausses couleurs » : par exemple, l'infrarouge, invisible pour l'œil humain, apparaît en rouge. Son intérêt est capital car il témoigne des variations de température.

Pour se protéger, les volcanologues portent des équipements spécifiques. Certaines combinaisons sont ignifugées, en Nomex (tissu à base de téflon) recouvert d'aluminium poli, réfléchissant le rayonnement de la chaleur. Un verre triplex feuilleté, couvert de fines feuilles d'or, protège les yeux.

En haut : *Jacques-Marie Bardintzeff procède à des mesures de déformation du sol à l'aide d'un géodimètre, lors de la crise éruptive de Rabaul en Papouasie-Nouvelle-Guinée en 1996.*
En bas : *Appareil de détection d'émanations de gaz carbonique, installé sur l'île de Nea Kammeni dans la caldeira de Santorin.*

La biographie d'un volcan

Observer l'activité actuelle d'un volcan ne suffit pas, il faut connaître aussi ses humeurs passées. À ce titre, un volcanologue fait penser à un « médecin de la Terre ». Comme en médecine, les antécédents expliquent souvent l'état actuel et l'évolution future du « malade ». Or, pour reconstituer l'histoire d'un volcan, les dépôts solides qu'il a crachés jadis constituent les seuls témoins disponibles. La pétrographie est justement l'étude des roches volcaniques, laves ou tephra. Il faut repérer les différentes couches de dépôts anciens et, si possible, les dater. Ces études sur le terrain sont toujours longues et difficiles. Il devient alors possible de reconstituer très précisément la vie du volcan et d'établir en quelque sorte son *curriculum vitae.*

Ci-dessus : *L'étude des dépôts laissés par un volcan – ici, les niveaux de retombées de cendres dans l'île de Tongoa au Vanuatu – permet d'en reconstituer l'histoire et d'envisager les éruptions futures.*

En fonction des types d'éruptions envisageables, des cartes de risques volcaniques sont dressées, où les zones menacées sont repérées à l'aide de couleurs significatives : rouge pour les zones à plus hauts risques, puis orange, jaune et vert pour les régions complètement à l'abri.

La durée de vie d'un volcan important est de plusieurs centaines de milliers d'années. Certains, tels le Vésuve ou la montagne Pelée, alternent des phases d'activité de plusieurs jours ou plusieurs années et des périodes de repos de l'ordre du siècle ou du millénaire. Le piton de la Fournaise dans l'île de la Réunion entre en éruption tous les un à quatre ans en moyenne. Le Stromboli explose toutes les dix minutes lorsqu'il est en forme. De même le Sangay en Équateur, le Karymsky au Kamtchatka, le Semeru en Indonésie et le Yasour au Vanuatu

sont en activité quasi continue depuis plusieurs dizaines d'années. On distingue donc les volcans vivants, actifs, et les volcans éteints, morts. Parmi les volcans actifs, il y a ceux en activité et ceux au repos.
Peut-on prévoir le réveil d'un volcan ? Un volcan endormi depuis plusieurs millénaires peut se réveiller rapidement. La montée du magma sera alors enregistrée. Si un volcan n'a pas manifesté d'activité depuis plusieurs dizaines de milliers d'années, c'est-à-dire plusieurs « nuits » de sommeil, il peut être considéré comme définitivement éteint. Nos volcans de la chaîne des Puys, en Auvergne, actifs il y a encore 6 000 ans, sont donc susceptibles de se réveiller.

Ci-contre : *Repérage du géologue à Dverghamrar, la « forteresse des nains », en Islande.*
Ci-dessous : *Prélèvement de cendres dans un dépôt de nuée ardente du volcan Arenal au Costa Rica.*

Une protection civile efficace

Pour éviter au maximum les mouvements de panique lors d'une catastrophe, il est important d'éduquer les populations menacées, de leur expliquer ce qu'est exactement un volcan, les différents dangers qu'il présente, ce qu'il faut faire ou ne pas faire en cas d'éruption. Dans différents pays, des plaquettes sont distribuées, détaillant clairement les consignes, le plus souvent sous forme de dessins : écouter les instructions à la radio, rassembler quelques vivres, de l'eau potable et des vêtements, ne pas aller chercher les enfants à l'école car on s'occupe d'eux, ne pas surcharger inutilement le réseau téléphonique.

Des plans d'alerte, de secours et d'évacuation sont établis par les autorités civiles, prenant en compte les différents scénarios éruptifs susceptibles de se produire, établis par les scientifiques : en France, il s'agit de plans ORSEC, signifiant « ORganisation des SECours ».

Le Japon, pays particulièrement concerné par les colères telluriques, est parfaitement organisé. La ville de Kagoshima, située au pied du volcan Sakurajima, fut sinistrée le 12 janvier 1914. Depuis, chaque année, jour anniversaire de la catastrophe, une évacuation des habitants par tous les moyens de transport disponibles, a lieu, à titre d'exercice.

Des antennes médicalisées spécialisées doivent également être prêtes à intervenir sur les lieux de l'éruption pour porter secours aux blessés. Les traumatismes sont spécifiques : graves brûlures de la peau et des muqueuses, œdèmes des yeux et des poumons, infections des blessures, obstructions des voies respiratoires et digestives par les cendres. Dans les pays les plus pauvres, la pollution des eaux peut entraîner des épidémies.

Aujourd'hui, grâce aux techniques performantes, une prévision fiable, 24 à 48 heures avant l'éruption, est possible dans 95 % des cas. Surveillance, prévision, prévention : une lutte de chaque instant !

Ci-contre : *À Patate, au pied du Tungurahua en Équateur, un panneau signale les risques volcaniques.*

Les principales catastrophes volcaniques

- Laki, Islande, 1783 : 9 336 morts par famine.
- Tambora, Indonésie, 1815 : 92 000 morts, dont 80 000 par famine et 12 000 par nuée ardente.
- Krakatau, Indonésie, 1883 : 36 417 noyés par un raz-de-marée.
- Soufrière de Saint-Vincent, Antilles, 1902 : 1 565 morts par nuée ardente.
- Montagne Pelée, Martinique, Antilles, 1902 : 29 000 morts par deux nuées ardentes (28 000 le 8 mai, 1 000 le 30 août).
- Santa-Maria, Guatemala, 1902 : 6 000 morts par nuée ardente.
- Kelut, Indonésie, 1919 : 5 110 morts par coulée boueuse à la suite de la rupture des parois du lac de cratère.
- Agung, Indonésie, 1963 : 1 900 morts par nuée ardente.
- Chichon, Mexique, 1982 : 1 700 morts par nuée ardente.
- Nevado del Ruiz, Colombie, 1985 : 25 000 morts ensevelis sous des coulées boueuses.
- Lac Nyos, Cameroun, 1986 : 1 746 morts asphyxiés par du gaz carbonique.
- Pinatubo, Philippines, 1991 : 700 morts à cause de retombées de cendres, de coulées boueuses et des suites de maladies.

MERVEILLEUX PAYSAGES VOLCANIQUES

Le cratère fut abordé. C'était un vaste entonnoir qui allait en s'évasant jusqu'à une hauteur de mille pieds au-dessus du plateau. Au bas de la crevasse, de larges et épaisses coulées de lave serpentaient sur les flancs du mont et jalonnaient ainsi la route de matières éruptives.

Jules Verne, *L'Île mystérieuse*.

Du paisible puy de la Vache en Auvergne à l'immense Kilimandjaro en Tanzanie, coiffé de neiges éternelles, en passant par le Vésuve italien ou le Fuji-Yama japonais, les volcans constituent de superbes terrains de randonnées. Et pourquoi pas, pour commencer, une escapade dans les îles Canaries ?

Randonnée géologique aux îles Canaries

L'archipel volcanique des Canaries s'étend au large de l'Afrique, à la latitude du Sud marocain. Il s'étale sur 500 kilomètres mais n'est séparé du continent africain que de 100 kilomètres. Sept îles principales s'étalent d'ouest en est : Hierro, La Palma, Gomera, Tenerife, Grande Canarie, Fuerteventura et Lanzarote. Habitées à l'origine par les Guanches, elles ont été conquises par les Espagnols. Toutes ces îles, qui émergent de l'océan Atlantique profond de 4 000 mètres environ, ont une origine volcanique et sont âgées de plusieurs millions d'années. Les volcans, omniprésents, conditionnent le relief et l'habitat.

Ci-dessus : *Le Teide culmine à 3 718 mètres dans l'île de Tenerife dans l'archipel des Canaries. À Roque de Garcia, ces étranges rochers sont des dykes, anciens filons d'alimentation en lave du volcan.*

Le Teide, point culminant de l'Espagne

L'île de Tenerife, la plus grande de l'archipel, a une forme triangulaire, soulignée par trois arêtes montagneuses qui se rejoignent au niveau du Pico del Teide. Ce volcan géant, haut de 3 718 mètres, constitue le point culminant des Canaries, mais également de l'Espagne. Son nom signifie « montagne enneigée » en langue guanche, ce qui est vrai une partie de l'année. Le Teide a une histoire géologique complexe. On pense que le massif est vieux de 500 000 ans environ. Mais il a subi il y a 150 000 ans un spectaculaire effondrement. Il en résulte une gigantesque caldeira circulaire, de 15 kilomètres de diamètre : la caldeira de Las Canadas, qui se traduit par « gorges ». Mais seul en subsiste le rebord sud car le volcan a repris sa croissance un peu plus au nord. Un cône majestueux, de forme parfaite, terminé par un cratère sommital, est accessible par téléphérique. On atteint alors un univers minéral et cosmique. Sur le flanc ouest se dresse le Pico Viejo, un peu plus petit, qui culmine à 3 102 mètres. À ce niveau, deux grands cratères s'ouvrent, surnommés les « narines du Teide ». Des intrusions de roches volcaniques, déchaussées par l'érosion, tels les fameux Roques de Garcia, créent un véritable décor de western, avec toute une gamme de teintes ocre.
Juste à côté, à Los Azulejos, des phénomènes d'altération hydrothermale ont coloré les rochers en vert. La dernière éruption de ce volcan dangereux remonte à l'année 1909.

La Palma, la verdoyante

La Palma, île allongée nord-sud avec une forme qui rappelle un peu celle de l'Afrique, est particulièrement attachante (on l'appelle « île jolie » ou « île verte ») mais elle est paradoxalement peu fréquentée car il n'y a pas de plages. C'est l'île la plus élevée et escarpée du monde relativement à sa superficie ! Deux parties se distinguent géologiquement. Le nord est occupé par une grande caldeira de 7 kilomètres de diamètre et de 2 kilomètres de profondeur, qui ressemble un peu à celle du Teide. La dépression, qui n'a pas été comblée par un nouvel édifice, est bien plus impressionnante.

Ci-dessus : *Des volcans et des fleurs à Haria, dans l'île de Lanzarote aux Canaries.*

La caldeira est ouverte vers l'ouest par un canyon profond de 400 mètres, le Barranco de las Angustias. Au sommet de l'île, l'air est si pur qu'un observatoire astronomique a été construit, à 2 400 mètres d'altitude à Roque de los Muchachos.

La partie sud de l'île est un éperon volcanique d'environ 30 kilomètres de long que l'on peut parcourir en randonnée : la Ruta de los Volcanos. Les cônes volcaniques s'y alignent. Les dernières éruptions remontent à 1677-1678 (volcan San Antonio), 1949 (San Nicolas) et 1971 (volcan de Teneguia, éruption la plus récente de l'archipel canarien, qui a augmenté la surface de l'île). Sous les coulées de lave, certaines grottes ont abrité les premiers habitants de l'île, comme en témoignent les pierres gravées, les fameux « pétroglyphes ».

Ci-dessus :
El Golfo, dans l'île de Lanzarote, un ancien cratère à demi ouvert sur la mer, abrite une petite lagune.

Lanzarote, l'île aux 300 volcans

À Lanzarote, les volcans sont noirs, rouges et ocre, la mer turquoise, les palmiers et les cactus dans des dégradés de vert, l'habitat tout blanc... Les cônes volcaniques y pullulent mais restent de taille modeste, de quelques dizaines ou centaines de mètres de hauteur.

La moitié nord-ouest de l'île, prolongée par sa petite sœur Graciosa, est la plus ancienne : les volcans les plus récents ont déjà quelques millénaires. Tel est le cas de la Corona (la « couronne »), qui a émis des laves fluides en quantité. Celles-ci, se solidifiaient en surface mais continuaient à s'écouler en dessous. Si bien qu'elles ont construit des tunnels sous-laviques, véritables réseaux de grottes. On peut visiter une partie de l'un d'eux (2 kilomètres sur 7) dans Las Cuevas de Los Verdes.

Parfois, le toit du tunnel s'est effondré et a laissé des ouvertures béantes appelées *jameos*, tels Los Jameos del Agua, aménagés par l'architecte César Manrique, natif de l'île.

La partie sud-est est la plus récente. Dans le parc national de Timanfaya, on pénètre dans un décor lunaire : Montanas del Fuego, Caldera Roja, la « Chaudière rouge », autant de noms qui évoquent le royaume des diablotins. Certains cônes volcaniques, entièrement entourés de coulées de lave, sont dénommés *islote*. L'un d'entre eux a été baptisé « manteau de la Vierge » en raison de sa forme et de ses couleurs exceptionnelles. À Hilario, les guides nous montrent comment de l'eau injectée dans le sol surchauffé crée un geyser artificiel, ou comment la paille s'enflamme spontanément. Au petit restaurant, la viande est cuite à la chaleur volcanique dans une véritable cuisine naturelle !

Ci-dessus : *La chaîne volcanique de Timanfaya, dans l'île de Lanzarote, découvre un superbe cône à Masdache, près de La Geria.*

Entre septembre 1730 et avril 1736, les volcans se sont déchaînés sans discontinuer : trente cratères ont vomi des laves en alternance, puis en 1824, trois nouvelles gueules sont entrées en activité, stérilisant les terres cultivées. Depuis, il n'y a quasiment plus d'eau sur l'île, qui diffère complètement de sa voisine La Palma. Mais les paysans ont su fertiliser le sol, y planter des vignes et produire un vin fort en alcool, fruité, délicieux très frais.

Ci-dessus : *La chaîne volcanique de Timanfaya, près de Mancha Blanca, dans l'île de Lanzarote.*

La Grande Canarie, la capitale

De forme toute ronde, cette île abrite la ville de Las Palmas, capitale de l'archipel. Elle ressemble géologiquement à la partie nord de La Palma, avec une vaste caldeira centrale et le Roque Nueblo, piton volcanique qui ressemble à un pénitent, emblème de l'île. On y trouve des laves, qui ont formé de grosses boules ressemblant un peu à des oreillers (d'où leur nom anglo-saxon de *pillow lava*), parmi les plus spectaculaires du monde : il s'agit de coulées aériennes qui ont ensuite pénétré dans la mer.

Des parcs naturels et des espèces protégées

Les plus beaux espaces des îles Canaries sont maintenant classés en parcs nationaux : Las Canadas del Teide à Tenerife et Timanfaya à Lanzarote essentiellement pour leur beauté volcanique minérale ; Taburiente à La Palma et Garajonay à La Gomera, deux massifs volcaniques possédant une flore unique. On y trouve des espèces étonnantes, véritables fossiles vivants. Les dragonniers, arbres endémiques des îles Canaries, du Cap-Vert et de Madère, peuvent vivre plusieurs millénaires. À Los Tilos, à La Palma, des fougères arborescentes rappellent la forêt de l'ère carbonifère ! À Lanzarote, les eaux souterraines de Los Jameos del Agua abritent un petit crustacé, *Munidopsis polymorpha*, ressemblant un peu à un crabe ou à une écrevisse, totalement inoffensif et d'une taille atteignant rarement le centimètre. Vivant en permanence dans l'obscurité, il est devenu albinos, totalement dépigmenté et légèrement phosphorescent.

Les Açores, la mer et le feu

Les Açores sont célèbres pour leur anticyclone. Il s'agit d'un archipel, d'origine volcanique, qui doit son nom aux autours, les oiseaux de proie. Il comprend neuf îles principales disposées en trois groupes, de nombreux îlots et quelques volcans sous-marins, sur 700 kilomètres de longueur. Il est situé en plein milieu de l'Atlantique, à 1 500 kilomètres de l'Afrique et à 3 500 kilomètres de l'Amérique, dans un contexte géologique bien particulier, à la limite de trois plaques : Eurasie, Afrique et Amérique du Nord. Ces îles sont le siège d'une importante activité tellurique : on dénombre une crise sismique importante tous les 10 ans en moyenne et les volcans sont omniprésents. Les caldeiras, gigantesques cratères d'effondrement, constituent des références car elles ont été appelées ainsi pour la première fois par les Portugais qui ont découvert puis habité ces îles : le mot caldeira signifie « chaudron ».

Les différentes îles sont toutes aussi attachantes par leur variété de paysages. Les rêveurs et les poètes y situent le fabuleux continent de l'Atlantide, que d'autres pensent retrouver à Santorin ou au large de Gibraltar.

São Miguel, l'île verte

São Miguel, l'île la plus grande, allongée (65 kilomètres sur 16), qui culmine à 1 103 mètres au Pico da Vara, ne contient pas moins de 400 volcans ! On la surnomme « l' île verte » (*ilha verde*) à cause des nombreux pâturages et forêts qui la couvrent. La capitale actuelle, Ponta Delgada, a remplacé l'ancienne, Vila Franca do Campo, détruite par un séisme en 1522. Trois caldeiras impressionnantes, occupées par des lacs, s'y côtoient. Sete Cidades est la plus belle. De la Vista do Rei, la « vue du roi », on découvre deux lacs adjacents : Lagoa Verde et Lagoa Azul. L'ensemble, âgé de 12 000 ans, mesure 5 kilomètres de diamètre. Des éruptions s'y sont produites en 1439 et en 1460. Le nom signifie « sept cités », sous-entendu « englouties » – en référence à l'Atlantide ?

Ci-dessus : *Dans l'île de São Miguel, aux Açores, la caldeira de Sete Cidades (4 kilomètres de diamètre), occupée par le Lagoa Verde au premier plan et le Lagoa Azul derrière, les lacs vert et azur.*

La caldeira du volcan Agua de Pau (950 mètres au Pico do Barrosa) renferme un beau lac bleu, Lagoa do Fogo, le dramatique « lac de feu ». Elle résulte d'éruptions majeures, il y a 46 000 ans, 26 500 ans, 15 000 ans et 4 600 ans. Les dernières manifestations remontent aux années 1563-1564 puis 1652. Enfin, dans la caldeira de Furnas, dix éruptions se sont produites depuis 5 000 ans, la dernière en 1630. Le nom de Furnas est évocateur. De nombreuses fumerolles s'échappent du sol. Vingt-deux sources thermales permettent aux curistes de retrouver la santé tandis que le plat régional, le *cozido*, sorte de pot-au-feu, mijote plusieurs heures dans de grands faitouts

Ci-dessus : *La caldeira de Fayal aux Açores, d'un diamètre de 1 450 mètres et d'une profondeur de 400 mètres.*

enfouis dans le sol naturellement chaud.

La géothermie se développe activement dans l'île : deux centrales, près de Ribeira Grande, fournissent actuellement 12 mégawatts, soit 35 % des besoins énergétiques de São Miguel. La production potentielle totale de l'île est estimée à 170 mégawatts, dont 80 mégawatts à Ribeira Grande et 45 à Furnas.

Pico

Pico, la deuxième île en superficie, mesure 42 kilomètres sur 15. C'est incontestablement la plus « vraie », dans la tradition des pêcheurs baleiniers. Le volcan Pico (ou Pico Alto) avec ses

2 351 mètres, souvent dans les nuages, constitue le point culminant de l'archipel et du Portugal. Les légendes en ont fait « l' observatoire des Atlantes ». Sa dernière éruption date de 1720. Mais en 1963 une éruption sous-marine a eu lieu au nord de l'île.
La partie est de l'île est occupée par un plateau, constellé de petits cônes volcaniques, qui dominent des lacs bleus scintillant dans leur écrin de verdure. Les étendues de lave couvertes d'arbres sont localement baptisées *mistérios*. En bord de mer, les coulées forment des arches naturelles, tels les Arcos do Cachorro.
L'île constitue un sanctuaire unique pour les baleines et les cachalots ; 25 espèces de cétacés y vivent sur les 80 recensées dans le monde.
Un chenal très étroit et profond de moins de 100 mètres, facilement traversé en bateau, sépare Pico de Fayal.

Fayal, l'île bleue

Fayal est l'île la plus petite (21 kilomètres par 14), la plus touristique aussi, avec sa capitale Horta. Une végétation exubérante et plus particulièrement de superbes hortensias bleus, typiques des terrains volcaniques, acides, lui ont donné le nom d' « île bleue ».
Horta est dominée par deux petits volcans. Le Monte Queimado (ce qui signifie « brûlé ») est un cône strombolien typique, rougeâtre, de 86 mètres de haut. Le Monte Guia (145 mètres) est un cône de cendres volcaniques sous-marines jaunâtres, appelées « hyaloclastites », avec un cratère ouvert sur la mer, la Caldeira do Inferno.
Une grande et belle caldeira, de 1 450 mètres de diamètre et de 400 mètres de profondeur, entourée de haies d'hortensias hautes de plusieurs mètres, occupe le centre de l'île. Sur son bord sud-est se situe le Cabeço Gordo, point culminant avec 1 043 mètres.
L'ouest de l'île est le plus étonnant avec le décor lunaire du fameux volcan de Capelinhos, qui a émergé en 1957-1958.

Les volcans d'Auvergne

Situés dans le Massif central, les volcans d'Auvergne offrent des paysages variés. Un parc naturel régional a été créé en 1977. Plusieurs massifs s'y côtoient.

Ci-dessus : *Le lac Pavin, d'un diamètre de 750 mètres pour une profondeur maximale de 96 mètres, occupe un des cratères les plus récents (6 000 ans environ) de la chaîne des Puys en Auvergne.*

Cantal, Cézallier et Mont-Dore

Le Cantal, qui mesure 70 kilomètres d'ouest en est et 60 kilomètres du nord au sud, est le plus grand volcan d'Europe avec l'Etna. Comme lui, il a peut-être culminé jadis à plus 3 000 mètres. Il s'agit d'un strato-volcan, « volcan stratifié » constitué d'un empilement de laves et de tephra. Il a été actif entre 13 et 3 millions d'années et il est maintenant complètement éteint.

Son centre est occupé par une grande caldeira d'effondrement. L'érosion glaciaire a disséqué l'ensemble du massif et creusé des vallées typiques en forme d'auge, comme celles de la Cère, de son affluent la Jordanne et du Mars. Ses sommets actuels sont le Plomb du Cantal (1 854 mètres), le puy Mary (1 785 mètres) et le puy Griou (1 694 mètres).

Au nord du Cantal, s'étendent le Cézallier et le Mont-Dore. L'activité du Cézallier a débuté il y a 8 millions d'années et le massif culmine au signal du Luguet à 1 551 mètres.

Le Mont-Dore, un strato-volcan avec sa caldeira centrale, ressemble beaucoup au Cantal. Il est cependant plus petit, puisqu'il mesure 35 kilomètres de long et 16 de large, et plus jeune car son activité a débuté il y a 5,5 millions d'années pour cesser il y a 230 000 ans. Le puy de Sancy (1 886 mètres) en constitue le point culminant. Des intrusions prismées de roches volcaniques profondes ont été déchaussées par l'érosion. Les célèbres roches jumelles Tuilière et Sanadoire, respectivement âgées de 1,9 et 2,2 millions d'années, se font face pour l'éternité. Dans la vallée de Chaudefour, se dressent la Crête du Coq et la Dent de la Rancune.

La chaîne des Puys

Dans le nord de l'Auvergne, un alignement sur 40 kilomètres de long et 3 ou 4 kilomètres de large, est visible de loin : la chaîne des Puys, constituée de plus d'une centaine de petits volcans. Elle repose sur un plateau granitique à 900 mètres d'altitude, qui domine lui-même le bassin d'Olby, à 750 mètres d'altitude à l'ouest, et la plaine sédimentaire de la Limagne, à 450 mètres à l'est.

Les volcans sont pour la grande majorité des cônes. Le puy Pariou est le plus régulier : le cône, haut de 159 mètres, culmine à 1 209 mètres, avec un cratère sommital, de forme circulaire parfaite, d'un diamètre de 340 mètres et d'une profondeur de 80 mètres. Le puy de Côme est constitué de deux cratères emboîtés. Les puys jumeaux de la Vache et de Lassolas, ainsi que celui de Louchadière, sont dits égueulés. Ils ont une forme en fer à cheval car des coulées se sont épanchées de l'échancrure.

En haut : *Au Puy-en-Velay se dresse le célèbre piton volcanique de Saint-Michel d'Aiguilhe, haut de 80 mètres. Une chapelle romane a été édifiée sur son sommet au XIe siècle.*
En bas : *Constituée de vestiges volcaniques, la table de Polignac dans le massif du Velay est une place forte naturelle.*

Des coulées solidifiées, souvent boisées, appelées cheires en Auvergne, en partent, certaines dépassant 20 kilomètres de long. On dénombre aussi une dizaine de dômes, tels le puy de Dôme, point culminant de la chaîne avec ses 1 465 mètres, le Grand Sarcoui ou le Clierzou. Quelques cratères d'explosions, appelés maars, tel le maar de Beaunit, sont parfois occupés par un lac (lac Pavin de 750 mètres de diamètre et 96 mètres de profondeur, Gour de Tazenat) ou une tourbière (Narse d'Espinasse). D'autres lacs (lac d'Aydat, lac de la Cassière) résultent du barrage d'une vallée par une ancienne coulée.

L'activité éruptive de la chaîne des Puys a débuté il y a 150 000 ans mais elle s'est surtout développée depuis 100 000 ans. Le paroxysme a eu lieu entre 10 000 et 8 000 ans, avec les éruptions très explosives des puys Chopine, Kilian et Vasset : des cendres de ces éruptions ont été retrouvées jusque dans les fondations des cités lacustres des lacs suisses. Les dernières éruptions des maars du Pavin et d'Estivadoux, et des puys de Montcineyre et de Montchal datent de seulement 6 000 ans, peut-être moins. Des chroniques de monastères, rédigées en latin par Sidoine Apollinaire, évêque de Clermont au Ve siècle, et par Grégoire de Tours, évêque de Tours au VIe siècle, font état de « montagnes en feu » dans cette région. Mais on pense qu'il s'agit plutôt d'incendies allumés par la foudre. Certains noms (puy de l'Enfer, Montchaud, Tartaret) semblent témoigner d'une activité toute récente. Un réveil futur de la chaîne des Puys, dans dix ans ou dans mille ans, n'est donc pas exclu !

En haut : *Les roches jumelles Tuilière et Sanadoire, dans le massif du Mont-Dore, vieilles d'environ deux millions d'années, sont deux intrusions volcaniques.*
En bas : *Les rochers du cap d'Agde sont les résidus d'un volcan âgé de 800 000 ans.*

Du Devès au cap d'Agde

Au sud du Cantal, s'étirent deux alignements volcaniques. Le premier, comprenant le Devès, le Velay, le Vivarais et les Coirons, se dirige vers le sud-est. Les dernières éruptions du Vivarais remontent à moins de 35 000 ans. Le deuxième alignement, plein sud, comporte l'Aubrac, des petits volcans isolés des Causses, l'Escandorgue et atteint le cap d'Agde, où de petits rochers volcaniques datés de 800 000 ans pointent dans la mer Méditerranée.

En relief ou en creux

Ci-dessus : *Le Kawah Idjen, ce qui signifie le « cratère vert », à Java, en Indonésie, renferme un lac d'acides chlorhydrique et sulfurique, de 700 mètres de diamètre et de 200 mètres de profondeur.*

Les volcans sont de formidables constructeurs de reliefs. Les plus importants d'entre eux dépassent les 5 000 mètres d'altitude, tels le Popocatépetl au Mexique ou le Kilimandjaro en Tanzanie et frisent les 7 000 mètres dans la cordillère des Andes.

Cratères et caldeiras

Les volcans créent aussi des cratères et des caldeiras de tailles variées. Certains cratères se remplissent d'eau de pluie et se transforment en lac. Il fait bon se promener autour des eaux bleues intenses du lac Pavin en Auvergne. Au bord du Laacher See dans l'Eifel germanique, on est bercé par le gentil murmure des bulles de gaz carbonique qui éclatent en surface en pétillant.

Boiling Lake, le « lac bouillant », situé dans l'île de la Dominique aux Antilles, aux confins de la vallée de la Désolation, est unique au monde, puisqu'il reste en constante ébullition. Au centre de cette gigantesque marmite d'eau bouillante d'une centaine de mètres de diamètre, d'énormes bulles, de plusieurs mètres, éclatent en permanence. De la vapeur s'échappe en abondance. Un petit plaisir géologique consiste à repérer près du bord du lac une petite crique d'eau chaude et à y faire cuire son œuf. Mais la plupart du temps, après la marche d'approche de cinq heures en terrain difficile, l'œuf s'est brisé au fond du sac à dos !

À la Solfatare de Pouzzoles sur le golfe de Naples, à Namaskard en Islande, ou à la Soufrière de Sainte-Lucie aux Antilles, des marmites de boue clapotent selon des rythmes variés.

Certains lacs, en se chargeant en sels minéraux, apportés par des gaz ou des sources chaudes, prennent des couleurs surprenantes. Le Poas au Costa Rica, d'une teinte tantôt gris métallique, tantôt vert pâle, contient de l'acide sulfurique. Localement et temporairement, s'y forment aussi de petites mares de soufre liquide jaune-orange. Au Kelimutu, dans l'île de Florès en Indonésie, deux lacs se côtoient, l'un rouge brique, l'autre vert émeraude, car dans le premier les eaux

À gauche : *La vaste caldeira elliptique du Tengger à Java en Indonésie mesure 8 kilomètres sur 6 pour une profondeur de 150 mètres. On y découvre le Bromo fumant (à gauche), le Batok ciselé par l'érosion (au centre) et le Semeru en pleine phase explosive en arrière-plan.*
Ci-dessus : *Jacques-Marie Bardintzeff en compagnie de Nicolas Hulot sur le lac de vitriol vert jade du Kawah Idjen, dans le cadre de l'émission télévisée* Ushuaïa Nature.

sont oxydées et pas dans le second ; il existe non loin un troisième lac de couleur bleu-noir.

Le volcan Kawah Idjen, situé à Java en Indonésie, est vraiment extraordinaire. Son nom signifie « cratère vert » car il contient un lac de couleur vert jade, d'acide pur ! De grande taille (700 mètres par 600 pour une profondeur de l'ordre de 200 mètres, soit un volume de 36 millions de mètres cubes), il existe depuis plusieurs siècles. Sa température oscille entre 20 et 40 degrés en fonction de l'activité du volcan et des retombées de pluies. Le lac est constitué d'un mélange d'acides chlorhydrique et sulfurique. Des globules de soufre d'un millimètre de diamètre flottent à la surface. Un bloc de calcaire s'y dissout en bouillonnant ! J'y ai navigué en canot pneumatique avec Nicolas Hulot en décembre 1998 dans le cadre d'une émission de télévision *Ushuaïa Nature* pour prélever des échantillons représentatifs au centre du lac. L'été suivant, j'y ai mesuré un pH minimum record de 0,15, sur une échelle qui va de 0 (acidité maximale) à 14 (minimale).

Ci-dessus : *L'érosion a ciselé des « cheminées de fées » dans les formations volcaniques à Çavusin, en Cappadoce, en Turquie.*

Page de droite en bas : *Le phénomène d' « inversion de relief ». Une coulée de lave (1) s'épanche dans une vallée et se solidifie (à gauche). Elle résiste davantage à l'érosion que les autres roches. Avec le temps, elle apparaît en relief dans le paysage (« coulée perchée »). Les coulées plus récentes (2 et 2') empruntent les nouvelles vallées (à droite).*

Le travail de l'érosion

L'érosion, essentiellement par le jeu de la pluie, façonne ensuite l'édifice volcanique au cours des siècles. Les tephra, meubles, sont les plus vite emportés. Certains se sculptent parfois en « cheminées de fées » comme en Cappadoce, en Turquie.

Les coulées de lave solidifiées résistent davantage, si bien qu'elles apparaissent en relief dans le paysage et forment des plateaux appelés « planèzes », alors qu'à l'origine elles s'étaient mises en place au fond d'une vallée : c'est l'inversion de relief (voir schéma ci-contre). Certaines coulées, en se refroidissant, forment intérieurement de grandes colonnes verticales prismées, de plusieurs mètres de hauteur. Quand l'érosion les dégage, elles miment des orgues gigantesques : ce sont les fameuses orgues volcaniques, comme celles de Saint-Flour, dans le Cantal. La surface de la coulée semble alors pavée. La Chaussée des Géants, en Irlande du Nord, dans le comté d'Antrim, constitue le cas le plus célèbre.

Ci-dessus : ***Dverghamrar, la « forteresse des nains », en Islande, est constituée de prismes résultant du refroidissement d'une coulée de lave.***

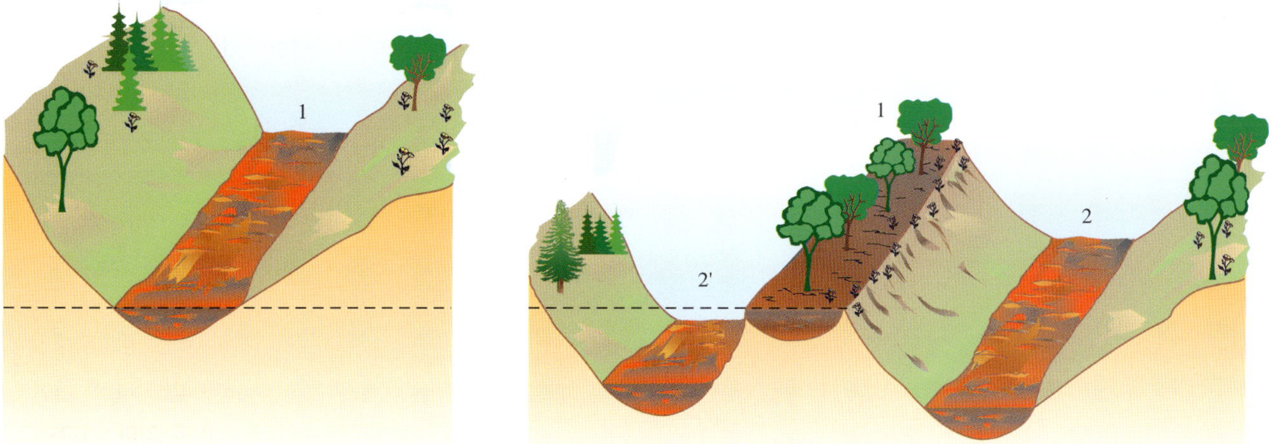

Ci-dessus : *À Hraunfossar, en Islande, des cascades jaillissent sous une coulée de lave solidifiée.*

Page de droite
En haut : *Le lac de cratère de la Coupe Verte est situé dans le massif volcanique de la montagne d'Ambre, dans le nord de Madagascar.*
En bas : *Gerbes de prismes volcaniques à Hljodaklettar, en Islande.*

On connaît aussi d'anciens lacs de lave solidifiés, fossiles, déchaussés par l'érosion, comme celui de Chastel-Marlhac dans le Cantal, vieux de 8 millions d'années. Il forme maintenant une forteresse naturelle, d'un kilomètre de diamètre et haute de 25 mètres, qui fut utilisée en oppidum, quasi imprenable.
De même, des roches volcaniques, jadis mises en place en profondeur en intrusions, forment maintenant des reliefs dans le paysage. Les « dykes », résultant de fissures verticales remplies de lave, ressemblent à de véritables murs, de tailles variées, telle la roche Tuilière dans le Mont-Dore. Les « necks » cylindriques sont d'anciennes cheminées volcaniques comblées, telle la roche Sanadoire voisine de Tuilière.

Les « pipes » sont des pitons témoins de filons d'alimentation dans la racine d'anciens volcans, comme au Puy-en-Velay. Des cônes parfaits du Mayon aux Philippines et du Fuji-Yama au Japon jusqu'aux champs de laves multicolores de Landmannalaugar en Islande, en passant par le chapelet de lacs nichés dans les cratères de l'île de Nosy Be au large de Madagascar, les volcans nous offrent une symphonie de paysages minéraux.

LE VOLCAN UTILE

Si vu de près, le géant perd de ces dimensions colossales qui le rendent de loin si majestueux, il se montre sous des faces nouvelles : la grâce alors s'unit en lui à la force, l'aménité à la puissance.

Charles Didier, *L'Italie pittoresque*, 1835.

De tout temps, le volcan a été déifié, voire recherché, ce qui peut sembler paradoxal. Nos ancêtres de la préhistoire et de l'Antiquité avaient donc déjà compris l'aspect bénéfique du volcanisme. Le volcan est source de vie, de fertilité, d'habitats, de matières premières utiles ou énergétiques, de santé, de joies, de sports et de loisirs. Il a inspiré les artistes et les poètes.

Vie et fertilité

Pendant les premiers âges de la Terre, les volcans, en activité continue, ont rejeté des gaz en quantité. Ainsi l'atmosphère primitive s'est peu à peu modifiée en s'enrichissant en azote, gaz carbonique, argon. La vapeur d'eau, en se condensant, a donné naissance aux océans. Des émanations volcaniques sous-marines en ont modifié la composition chimique. Ces conditions étaient indispensables pour l'apparition des premières formes de vie. Aujourd'hui encore, les volcans témoignent d'une planète Terre vivante, bien différente de la Lune, morte.
Les premiers hommes ont vécu en Afrique de l'Est, précisément

Ci-dessus : *Le temple bouddhique de Borobudur, à Java, en Indonésie, est construit en pierres volcaniques. Il a été recouvert de cendres lors de la formidable éruption du Merapi en 1006, puis dégagé.*

en contexte volcanique, et ce n'est peut-être pas un hasard. Les géologues ont mis en évidence dans cette région 120 épisodes de retombées de cendres. Il faut bien reconnaître que ces catastrophes anciennes n'ont nullement gêné l'évolution humaine. En Tanzanie, on a découvert dans la cendre des traces de pas fossilisés de trois australopithèques, datées entre 3,5 et 3,7 millions d'années.

En effet, les sols sont particulièrement fertiles en région volcanique. Les volcans les renouvellent régulièrement par leurs projections riches en soufre, potassium, magnésium, calcium, sodium, phosphore, sélénium, etc., un véritable engrais naturel. Les eaux des lacs, riches en phosphore, regorgent de poissons. En Indonésie, les sols de ce pays particulièrement volcanique autorisent trois récoltes de riz tous les quinze mois, contre une seule par an ailleurs. Certes, le volcan tue une fois par siècle mais il nourrit tous les jours.

Le bouquet du Lacrima-Christi, vin fameux de la région de Naples, résulte autant du savoir-faire antique des vignerons campaniens que du sous-sol riche en cendres volcaniques sur lequel sont cultivées les vignes. De même, les vins des côtes d'Auvergne (Corent, Châteaugay et Chanturgue) proviennent de vignobles sur terroirs volcaniques.

Un habitat naturel

Les coulées volcaniques prismées, situées en relief par le jeu de l'érosion, se déchaussent progressivement à leur base, aménageant peu à peu un abri naturel. Ces « abris sous-coulées », bien connus dans les hautes vallées de la Loire et de l'Allier et de son affluent l'Alagnon, qui traversent respectivement les massifs volcaniques du Velay, du Devès et du Cantal, ont été habités par nos ancêtres de la préhistoire. Ces sites protégés dominaient les alentours, ce qui facilitait d'autant la surveillance. Sur l'île de La Palma, dans l'archipel des Canaries, les peuplades Guanches, pré-hispaniques, ont eu l'idée d'aménager des grottes, situées sous des coulées, en abris mi-naturels mi-artificiels. En Cappadoce, en Turquie, des cendres indurées puis érodées en cheminées de fées, ont été creusées en habitats troglodytes, formant de véritables villes. Ces matériaux volcaniques présentaient de multiples avantages : relativement faciles à creuser, imperméables et isothermes. Dans ces habitations, il faisait doux en hiver et frais en été. En outre, l'ensemble constituait un château fort naturel bien protégé d'éventuels ennemis. Ce site, habité il y a encore une centaine d'années, présente aujourd'hui un aspect lunaire. On retrouve des habitats de ce type au Sahand en Iran ou aux grottes de Jonas à Saint-Pierre-Colamine dans le Mont-Dore.

Les pierres volcaniques ont servi plus tard de matériaux de construction. Les ponces claires de Lipari, une des îles Éoliennes au large de l'Italie, ont été utilisées pour l'édification du Colisée de Rome et pour de nombreuses constructions à Pompéi. Aujourd'hui, elles servent pour différents polissages et, inertes chimiquement, constituent la base des cosmétiques.

Ci-dessus : *À Uçhisar, en Cappadoce, en Turquie, des cheminées de fées, formées de cendres volcaniques soudées, ont été creusées en habitats troglodytes.*

Page de gauche
En haut : *Vignes cultivées sur les flancs mêmes du volcan, près de La Geria, dans l'île de Lanzarote, aux Canaries.*
En bas : *Rizières au pied du volcan Cikuray à Java, en Indonésie.*

Ci-dessus : *À Habu-Minato, dans l'île Izu-Oshima au Japon, un petit port parfaitement protégé de la houle est installé dans un ancien cratère.*

Les villes d'Auvergne, telles Clermont-Ferrand ou Salers, construites en laves, leur doivent leur couleur noire. La pierre de Volvic, une trachyandésite issue du puy de la Nugère il y a 11 000 ans, est la roche volcanique la plus utilisée de France au cours des siècles. On voit encore sur nos routes départementales d'anciens poteaux indicateurs en lave de Volvic émaillée. Dans la carrière du puy de Lemptégy, des lapilli rougeâtres, appelés pouzzolanes, sont activement exploités en granulats pour la construction des routes mais aussi comme gravillons anti-verglas, amendements horticoles ou pour entrer dans la composition de certains bétons.

Des richesses minérales

Le volcan est aussi source de richesses, de matières premières. À Pianoconte, dans l'île de Lipari, on a découvert un atelier préhistorique, où étaient fabriqués des objets en obsidienne. Les Romains exploitaient déjà l'alun des grottes de Vulcano comme fixateur des teintures pour les tissus.

Dans le cratère du Kawah Idjen, en Indonésie, une importante solfatare libère du dioxyde de soufre en abondance. Depuis 1968, une mine y a été ouverte. Un ingénieux système de tuyaux (d'environ 10 mètres de long sur 50 centimètres de diamètre), mimant les tentacules d'une pieuvre, y a été installé. Il permet de canaliser le soufre liquide orange (la température de fusion du soufre est de 115 degrés), qui cristallise en masses jaune citron. Débité en grandes plaques, le soufre est alors porté à dos d'hommes hors du cratère. 200 mineurs, véritables « forçats du soufre », transportent chacun des charges de 70 à 100 kilos dans des paniers en équilibre sur leurs épaules. Il y a quelques années ils parcouraient ainsi 17 kilomètres. Aujourd'hui, effectuer le trajet de 4 kilomètres, tout en dénivelé, constitue toujours un exploit. 5 à 6 tonnes sont extraites chaque jour, essentiellement pour le blanchiment du sucre mais aussi pour la fabrication des allumettes et pour l'industrie pharmaceutique. Chaque kilo est payé au porteur 150 roupies, soit 2 centimes d'euros environ ! Le volcan renouvelle le stock quotidiennement.

Plus généralement, de nombreux minerais sont liés à l'activité d'anciens volcans, comme par exemple les importants gisements de cuivre, d'or et d'argent du Chili, mais aussi, dans différentes régions du globe, du fer, du plomb, de l'étain, du zinc, de l'uranium, du molybdène, etc. On pourrait aussi envisager d'exploiter le contenu des lacs volcaniques, riches en acides, en cuivre ou en borax.

Des roches volcaniques et des minéraux gemmes sont utilisés en joaillerie. À Lipari, des perles d'obsidienne et de ponce sont assemblées en jolis colliers ou bracelets. À Lanzarote, aux îles Canaries, l'olivine ou péridot, pierre semi-précieuse d'un beau vert, fait de superbes parures. Des fluides hydrothermaux déposent de l'opale

Ci-dessus : *Carrière de ponces à Lipari dans les îles Éoliennes. Des fragments de ponces se retrouveront plus tard dans notre salle de bains…*
Ci-contre : *La carrière de pierres de Volvic offre une roche volcanique grise, longtemps utilisée dans les constructions en Auvergne.*

(Australie, Mexique), de l'améthyste (dans les *trapps* du Paraná au Brésil), de l'agate.

Le diamant lui-même se trouve en contexte volcanique. Constitué de carbone pur, fabriqué dans les profondeurs du globe sous des pressions énormes, il est ensuite remonté le long de cheminées constituant des racines de volcans, lors de phénomènes très explosifs, mal connus. Leurs gisements actuels, dans des roches anciennes appelées kimberlites, existent dans le sud de l'Afrique, en Australie, au Brésil et en Sibérie.

Plus curieux encore : en Équateur, des hommes montent régulièrement à 6 000 mètres d'altitude près du sommet du volcan Chimborazo, pour y récupérer des blocs de glace, revendus ensuite en morceaux dans la vallée.

Ci-dessus : *Ce « forçat du soufre » transporte près de 100 kilogrammes de soufre du cratère du Kawah Idjen en Indonésie. Au total, plusieurs tonnes de soufre, déposées par les fumerolles, sont remontées ainsi chaque jour. Le soufre sert à fabriquer des allumettes, des pneus, du papier, il est utilisé dans l'industrie pharmaceutique, comme engrais ou pour le blanchiment du sucre de canne.*

Énergie et géothermie

Ci-dessus :
La géothermie est l'exploitation de la chaleur du sous-sol, comme à Nesjavellir en Islande.

Exploiter la chaleur du sous-sol a toujours été un rêve pour l'humanité. En effet, cette énergie, liée à l'activité de notre planète, semble inépuisable car renouvelée en permanence.

En 1827, un gentilhomme dauphinois, François de Larderel, nommé préfet de Toscane sous Napoléon, eut le premier l'idée d'essayer d'utiliser, à grande échelle, l'énergie souterraine pour le traitement industriel du bore et des boraxes. La réalité a dépassé ses espérances, puisque aujourd'hui cette ville, nommée Larderello en son honneur, est entièrement gérée par géothermie. C'est un univers de tuyaux enchevêtrés, qui fument, crachent ou glougloutent bruyamment au milieu des tours de refroidissement.

Un programme géothermique nécessite une source de chaleur

profonde, souvent en région volcanique, si possible pas trop active pour ne pas risquer des destructions. Celle-ci transforme l'eau d'une nappe souterraine, appelée aquifère, en vapeur. Captée, elle fera tourner des turbines pour produire de l'électricité : c'est la « haute énergie ». Par opposition, dans la « basse énergie », l'eau pompée, ne sortant qu'à une température de quelques dizaines de degrés, est utilisée pour le chauffage. La basse énergie est également présente dans des régions non volcaniques, dans le Bassin parisien par exemple. Des forages, de plusieurs centaines de mètres, permettent de prélever l'eau, qui sera réinjectée, refroidie, plus loin.

Quelle surprise lorsqu'en 1977, lors d'un forage géothermique effectué près du volcan Krafla dans le nord de l'Islande, de la lave se mit à jaillir ! Ce fut la plus petite éruption de tous les temps, qui libéra cependant trois tonnes de magma et causa une belle frayeur.

Des centrales géothermiques produisent de l'énergie en quantité dans certains pays : Italie, Islande, Russie, États-Unis, Mexique, Japon, Philippines, Nouvelle-Zélande. En Guadeloupe, une petite centrale fonctionne au lieu-dit Bouillante. On pense que la géothermie couvrira bientôt 1 % des besoins énergétiques mondiaux. Cela peut sembler faible mais c'est loin d'être négligeable. Il s'agit en fait d'une moyenne de pourcentages très variables d'un pays à l'autre : 5 % en Islande, où des serres chauffées par géothermie produisent fruits et légumes appréciés dans ce climat nordique. Les statistiques font même de l'Islande le premier producteur européen de bananes, cultivées à l'école d'horticulture !

Malheureusement, comme toutes les autres énergies, la géothermie est polluante car les eaux captées contiennent de nombreux sels minéraux dissous. Dans l'île grecque de Milos, il a fallu fermer la centrale géothermique car les habitants étaient trop incommodés par l'odeur d'œuf pourri.

Ci-dessus : *La centrale géothermique de Bouillante en Guadeloupe.*

Santé, nature, sports et loisirs

Ci-dessus : *Le Lagon bleu en Islande, lieu de baignade et de détente, est formé par le rejet d'eaux chaudes d'une usine géothermique.*

Au Ve siècle av. J.-C., Hippocrate, le célèbre médecin grec, qui vivait dans l'île de Kos, connaissait déjà les vertus curatives des différentes eaux de cette île, d'origine volcanique. À Vulcano, on voit les restes de thermes romains : les boues soufrées sont recommandées pour soigner l'asthme et les maladies de la peau. Aujourd'hui encore, il est conseillé de se badigeonner le corps (et le visage pour les plus courageux) de cette boue verdâtre et visqueuse. Depuis, le thermalisme s'est considérablement développé, en particulier dans les régions volcaniques, où de nombreuses sources jaillissent le long de failles géologiques, récentes ou anciennes.

Ci-dessus : *Pamukkale, le « château de coton », en Turquie. En 1354, un séisme a libéré des eaux, qui, du sommet, s'épanchent sur le flanc de la colline. Les sources pétrifiantes ont édifié de superbes vasques contenant de l'eau chaude.*

En France, à Chaudes-Aigues, dans le massif volcanique de l'Aubrac, la source du Par libère des eaux à 82 degrés, les plus chaudes d'Europe continentale. Le lavoir municipal, qui existe toujours, fournissait autrefois gratuitement de l'eau chaude. De nombreuses maisons bénéficient d'un captage privé. Un établissement thermal reçoit les curistes. Beaucoup de stations thermales existent en Auvergne (Châtelguyon, La Bourboule, Le Mont-Dore, Saint-Nectaire, etc.) ; elles soignent les allergies, les anémies, les rhumatismes, l'appareil digestif ou l'appareil respiratoire, les reins. Les curistes boivent ces eaux ou sont traités par bains, douches ou massages, en respectant, bien sûr, les

Ci-dessus : *Iguane marin* (Amblyrhynchus cristatus) *se chauffant au soleil sur un rocher de basalte à Punta Suarez, dans l'île d'Española, aux Galápagos, un parc naturel protégé en région volcanique.*

avis médicaux. Certaines eaux sont embouteillées, pétillantes à Vals-les-Bains ou plates à Volvic. Ces eaux « minérales », particulièrement diététiques, contiennent en solution des oligo-éléments indispensables à l'équilibre du corps humain.

Au Japon, il fait bon se baigner dans les *onzen* au pied du Fuji-Yama. Dans le nord du pays, les macaques profitent des sources chaudes, pour mieux passer l'hiver. En Islande, le Lagon bleu est incontournable. Situé près de l'aéroport de Keflavik, il constitue traditionnellement la dernière escale dans ce pays tellurique. Les eaux chaudes, turquoise car riches en silice, rejetées par une centrale géothermique forment une piscine naturelle où il est agréable de se prélasser ; en sortir, au froid, l'est beaucoup moins !

Les volcans constituent aussi de formidables stades pour les sports et les loisirs. Nombre d'entre eux sont protégés par des parcs naturels : volcans d'Auvergne, Yellowstone aux États-Unis, Canaries, Nouvelle-Zélande. Ils hébergent de nombreuses espèces animales ou végétales (grands animaux africains dans la caldeira du Ngoro-Ngoro en Tanzanie), parfois endémiques (tortues et iguanes des Galápagos).

Voici un but de randonnée privilégiée, pour chaque niveau de marcheur. Certains auront plaisir à gravir en un quart d'heure les 120 mètres de dénivelé du cône du Pariou, de faire le tour de son cratère, puis de visiter Vulcania, le Centre européen du volcanisme. D'autres partiront en expédition de plusieurs jours jusqu'au sommet du Kilimandjaro à 5 895 mètres d'altitude, là où les jambes flageolent et la tête bourdonne par manque d'oxygène. Les plus entraînés s'inscriront à la course à pied du mont Cameroun haut de 4 095 mètres, aller et retour. Il est même possible de skier sur des volcans considérés comme encore actifs : au Ruapehu en Nouvelle-Zélande, aux États-Unis, au Chili, au Japon ! Mais l'Etna, vexé par ce sacrilège, a détruit à plusieurs reprises, lors d'éruptions, les pylônes du téléphérique. La Transvolcanique est organisée en VTT sur le trajet Blanzat-Le Mont-Dore : aller-retour en deux jours. Et les plus intrépides se jettent en parapente du haut du puy de Dôme.

La gastronomie n'est pas oubliée. Des caves creusées dans des roches volcaniques abritent des fromages à Saint-Nectaire ou des vins dans l'Eifel germanique.

Ci-dessus : *Le volcan du puy de Dôme donne régulièrement rendez-vous aux coureurs du Tour de France. Le duel que se livrèrent Jacques Anquetil et Raymond Poulidor en 1964 reste dans les mémoires. Ici, lors du Tour 1975, Eddy Merckx, vêtu du maillot jaune, précède Joop Zoetmelk.*

Skier sur un volcan

Il existe quelques stations de ski, aménagées sur certains volcans considérés comme actifs, qui ont eu une éruption au cours des deux derniers siècles.

- Sur le Ruapehu, le plus grand domaine skiable de Nouvelle-Zélande.
- Sur les Monts Baker, Hood et Rainier aux États-Unis.
- Sur les volcans Osorno et Villarica au Chili.
- Sur le Kusatsu-Shirane et le Tokachi au Japon.
- Sur l'Etna, on skie depuis les années 1950 mais épisodiquement, car les coulées de lave détruisent régulièrement (1971, 1985, 2001-2002) les pylônes des remontées mécaniques.

Le volcan et les arts

Le volcan a été magnifié par les arts à travers les âges. Des fresques turques, vieilles de presque 9 000 ans, le représentent déjà, menaçant, de même que des pièces de monnaies romaines trouvées dans cette même région. Les maîtres florentins ont peint le Vésuve sous toutes ses faces. Hokusai (1760-1849) a représenté les trente-six vues du Fuji-Yama pendant les quatre saisons, sur des estampes d'une grande finesse. En Asie, les silhouettes des volcans sont peintes sur des batiks de soie riches en couleurs. Les Mayas ont sculpté l'obsidienne noire, lavique. Les *moaïs*, statues géantes dressées sur l'île de Pâques, comme leurs cousins, les *tikis* polynésiens, sont en roches volcaniques. Tous les pays concernés ont édité des timbres à l'effigie de leurs montagnes fumantes. Plus récemment, elles ont eu l'honneur des pin's et des cartes téléphoniques. Au Japon, les banques Fuji et les pellicules photo Fujichrome rappellent sans cesse le volcan. Les poètes, charmés par les neiges éternelles du Kilimandjaro, lui ont consacré des vers et des chansons.

« [...] et dans la brume
On devine, au-delà des mers, l'Hékla qui fume
Ainsi qu'un soupirail d'enfer à l'horizon. »
Victor Hugo, « L'Aigle du casque », *La Légende des siècles*.

« Le volcan s'éteignit, et le feu périssant
Voulut en vain y rendre un combat impuissant ;
À l'élément vainqueur il céda le cratère,
Et sortit en fumant des veines de la Terre. »
Alfred de Vigny, *Le Déluge*.

Jacques Brel a chanté :
« On a vu souvent
Rejaillir le feu,
D'un ancien volcan
Qu'on croyait trop vieux. »

Le cinéma traite aussi des volcans, depuis les films cultes comme *Stromboli* en noir et blanc en 1949 avec Ingrid Bergman et *Les Derniers Jours de Pompéi* en 1959 avec Steve Reeves, jusqu'au *Pic de Dante* en 1997 avec Pierce Brosnan.

Page de gauche : ***Tableau équatorien représentant la vie des hommes au pied des volcans.***
Ci-dessus : ***Un volcan peint sur la soie d'un batik indonésien.***

Comment devenir volcanologue ?

C'est une question que me posent régulièrement les jeunes, garçons et filles, car ce métier, fascinant, fait rêver.

Il faut avoir, bien sûr, l'esprit scientifique, réussir en mathématiques, physique et chimie, aimer les sciences de la vie et de la Terre. Il est nécessaire d'avoir du bon sens, de savoir s'orienter sur le terrain, de ne pas craindre l'inconfort ou l'imprévu, de posséder une bonne santé, de pratiquer régulièrement du sport, mais nul besoin d'un titre olympique.

Alors, il faut envisager des études longues et difficiles. Après un bac S, faire des études de géologie à l'université ou dans une grande École, pour obtenir, au bout de cinq ans, un DEA (Diplôme d'études approfondies). Ensuite, il faut soutenir un doctorat spécialisé en volcanologie (3 ou 4 ans). Avoir enfin la chance d'intégrer, sur concours, une équipe scientifique, à l'université, au CNRS ou dans un Institut de physique du globe. Une nouvelle vie commence, qui alterne des aventures sur le terrain et des périodes plus austères de dépouillement de résultats en laboratoire.

Pour en savoir plus, on peut consulter les brochures de l'ONISEP (Office national d'information sur les enseignements et les professions ; www.onisep.fr) et le livre du même auteur (*Vocation volcanologue*, Delachaux et Niestlé).

Les spécialisations de la volcanologie

La volcanologie comprend différentes spécialisations : pétrologie (étude des roches et des minéraux volcaniques), géophysique (applications de la physique aux volcans, en particulier pour leurs surveillances), géochimie (applications de la chimie, notamment pour les gaz), etc. Différentes autres disciplines de la géologie ont des liens étroits avec la volcanologie : tectonique (mouvements et déformations des terrains), sismologie, télédétection (analyses des images aériennes et spatiales), géochronologie (datations), hydrologie (analyses des eaux), métallogénie (recherche et expertise de gisements miniers), etc.

Pour en savoir plus

Bibliographie

POUR LES JEUNES

Bardintzeff J.-M., *Volcans et séismes*, coll. « En savoir plus », Hachette, Paris, 1995.

Bardintzeff J.-M., *L'ABCdaire des Volcans*, Flammarion, Paris, 2001.

Bourseiller P., Giraudon D. et Montardre H., *Les Volcans racontés aux enfants*, De La Martinière Jeunesse, Paris, 2002.

Cayla N., Decobecq D., Lavina P. et Fustec M.-N., *Montagnes et Volcans*, coll. « Phénix », Gallimard Jeunesse, Paris, 1999.

Decobecq D. et Tanguy J.C., *Volcans. La terre en colère* (avec un CD-Rom), coll. « Big-Bang », Hachette Jeunesse, Paris, 2002.

POUR TOUS LES PUBLICS

Bardintzeff J.-M., *Vocation volcanologue*, Delachaux et Niestlé, Lausanne, Paris, 2000.

Barois P., *Le Tour du monde des volcans*, Le Cherche Midi, Paris, 1998.

Barois P., *Aventures au cœur des volcans*, Romain Pages, Sommières et BRGM, Orléans, 1999.

Bourseiller P. et Durieux J., *Des volcans et des hommes*, De La Martinière, Paris, 2001.

Bril H., *Volcans de France*, Loubatières, 1998.

Decobecq D., *Les Volcans, les comprendre, les observer, les visiter*, Éditions du Chêne, Paris, 1997.

Gaudru H., *Les 101 Plus Beaux Volcans du monde*, 2e édition, Delachaux et Niestlé, Lausanne, 1997.

Kornprobst J. et Laverne C., *Les Volcans, comment ça marche ?*, GB Sc. Publ. et BRGM, Orléans, 2002.

Krafft M. et de Larouzière F.-D., *Guide des volcans d'Europe et des Canaries*, Delachaux et Niestlé, Lausanne, 3e édition, 1999.

Lecuyer F. et Cheminée J.-L., *Fabuleux volcans*, Artémis, 1998.

Rosi M., Papale P., Lupi L. et Stoppato M., *Guide des volcans*, Delachaux et Niestlé, Lausanne, 2001.

Tanguy J.-C., *Les Volcans*, coll. « Mieux connaître », Éditions J.-P. Gisserot, Luçon, 1999.

Une nouvelle revue trimestrielle paraît depuis 2003 : *Éruption. Objectif Volcans*, Pyros, éd. du Piat, Monistrol-sur-Loire.

OUVRAGES SCIENTIFIQUES

Bardintzeff J.-M., *Volcanologie*, 2e édition, Dunod, Paris, 1998.

De Wever P. (dir.), Jaupart C., Guiraud M., Komorowski J.C., Sautter V., Boudon G., Parodi G.C., Leyrit H., Lénat J.F. et Bardintzeff J.M., *Le Volcanisme, Cause de mort et source de vie*, Vuibert, Muséum national d'histoire naturelle, Paris, 2003.

Girault F., Bouysse Ph. et Rançon J.-Ph., *Volcans vus de l'espace*, Nathan, Paris, 1998.

Musées et parcs de découvertes

Vulcania
Centre européen du volcanisme
63230 Saint-Ours
http://www.vulcania.com

Parc naturel régional des volcans d'Auvergne
Château de Montlosier
63965 Aydat
http://www.parcs-naturels-regionaux.tm.fr/lesparcs/vodac.html

Volcan à ciel ouvert
Puy de Lemptégy D 941B
63230 Saint-Ours
http://www.volcan-lemptegy.fr
www.auvergne-volcan.com

Maison des Volcans
Château Saint-Etienne
15000 Aurillac

Musée des Volcans
Château d'Aren
64400 Aren
chateaudaren@chateauxcountry.com

Maison des Volcans
97260 Morne-Rouge
Martinique

Maison du Volcan (Muséum de la Fournaise)
RN 3
Bourg Murat
97418 Plaine des Cafres
La Réunion

Associations

LAVE
L'Association volcanologique européenne
7 rue de la Guadeloupe
75018 Paris
Le répondeur téléphonique InfoLave 05 55 00 19 25 renseigne 24 h sur 24 sur l'activité des différents volcans du globe.
http://www.lave-volcans.com
(avec la page de J.-M.Bardintzeff : http://www.lave-volcans.com/bardintzeff.html)

Section de volcanologie de la société géologique de France
77 rue Claude Bernard
75005 Paris
http://sgfr.free.fr/Rencontrer/volcano.html

SVG
Société de volcanologie de Genève
CP 6423
1211 Genève 6
Suisse
http://www.volcan.ch

SVE
Société volcanologique européenne
CP 1
1211 Genève 17
Suisse
http://www.sveurop.org

Vulcano
Vulcanologues amateurs du Nord
90 bis rue Marceau
59130 Lambersart
http://home.nordnet.fr/~jpmeurisse/

Agences spécialisées

Certaines proposent des voyages sur des volcans :
J.-M. Bardintzeff encadre des groupes de découverte volcanologique avec :

Terra incognita
CP 701
36 quai Arloing
69256 Lyon Cedex 09
http://www.terra-incognita.fr

Autre agence :
Aventure et Volcans
73, cours de la Liberté
69003 Lyon
http://www.aventurevolcans.com

Sites Internet

Les volcans occupent une place de choix sur Internet. Les moteurs de recherche donnent les références de plusieurs dizaines de sites (nombreux en anglais), certains interconnectés. Les sites des associations déjà présentées permettent d'en trouver un grand nombre, dont de nombreux sites personnels de grand intérêt.

http://www.ccsti-grenoble.org/volcano/index.html est un portail informatique appelé « Éruptions électroniques », créé par le CCSTI (Centre de culture scientifique, technique et industrielle) de Grenoble avec J.-M. Bardintzeff comme conseiller scientifique. Il recense de nombreux sites d'intérêts scientifique et pédagogique et permet d'y accéder facilement.

http://volcano.ipgp.jussieu.fr:8080 concerne les observatoires volcanologiques français (principalement Antilles et Réunion) gérés par l'Institut de physique du globe de Paris.

http://www.ct.ingv.it (en italien) donne des nouvelles des volcans italiens (Etna, Stromboli, Vulcano) et propose des images de caméras (webcam) en direct.

Quelques sites en langue anglaise, donnant de nombreuses informations sur les volcans du monde :
http://www.volcano.si.edu/gvp
http://www.volcanoes.com
http://www.geo.mtu.edu/volcanoes
http://volcano.und.edu
http://hvo.wr.usgs.gov

Lexique

Asthénosphère

Partie du globe située sous la lithosphère, constituée de manteau terrestre jusqu'à la profondeur de 670 kilomètres.

Basalte

Roche volcanique sombre la plus répandue sur Terre. Elle tapisse aussi le fond des océans.

Bombe

Projection de roche volcanique solide ou pâteuse, mesurant plus de 64 millimètres. Elle prend parfois, au cours de sa trajectoire, une forme fuselée, ou s'écrase au sol (bombe en « croûte de pain » ou en « bouse de vache »).

Caldeira

Cratère de grande taille, d'un diamètre de plus d'un kilomètre et dépassant parfois 10 kilomètres, résultant plus d'un effondrement que de l'explosion proprement dite. Ce terme signifie « chaudron » en portugais.

Cendre

Projection volcanique de petite taille, inférieure à 2 millimètres.

Chambre magmatique

Réservoir de plusieurs dizaines de kilomètres cubes contenant du magma, situé sous le volcan à une profondeur de 10 à 50 kilomètres.

Collision

Affrontement de deux plaques lithosphériques, à l'origine de la surrection d'une chaîne de montagnes, comme les Alpes ou l'Himalaya.

Cône

Édifice volcanique formé par une accumulation de retombées (cendres, lapilli et bombes).

Coulée boueuse

Voir lahar

Coulée de lave

Voir lave

Cratère

Orifice d'un volcan, de forme circulaire, d'un diamètre de plusieurs centaines de mètres, en position sommitale ou latérale. Parfois, il est occupé par un lac de lave ou un lac d'acide.

Croûte

Partie superficielle du globe, rigide, épaisse de 10 kilomètres sous les océans, de 30 kilomètres sous les continents, jusqu'à 70 kilomètres sous les chaînes de montagnes.

Dôme

Édifice volcanique arrondi en forme de « chaudron renversé », résultant de la sortie de laves visqueuses.

Dorsale océanique

Gigantesque chaîne volcanique sous-marine (65 000 kilomètres de long au total) située au milieu des océans Atlantique, Pacifique et Indien. Le milieu de la dorsale est occupé par une grande fissure, de laquelle sort du magma, et dont les lèvres s'écartent l'une de l'autre de plusieurs centimètres par an. Le sommet de cette chaîne de montagnes sous-marine, haute de 1 500 mètres en moyenne au-dessus des fonds à -4 000 mètres, se situe donc à environ 2 500 mètres de profondeur. Mais cette dorsale émerge parfois localement en îles, telle l'Islande.

Érosion

Ensemble des processus (pluie, gel, vent, rivière, mer) qui usent les roches et modèlent les paysages.

Éruption

Période, de quelques jours à quelques mois en général, durant laquelle un volcan libère du magma. On distingue les éruptions effusives (types hawaiien, strombolien en partie), qui émettent des laves, et les éruptions explosives (types strombolien, vulcanien, surtseyen, plinien, péléen), qui expulsent des tephra : cendres, bombes, nuées ardentes. Un même volcan peut alterner des éruptions effusives et explosives au cours de son histoire.

Fumerolle

Gaz à haute température (jusqu'à 900 degrés), qui sort d'un volcan par un petit orifice ou une fissure.

Géothermie

Utilisation industrielle de la chaleur du sous-sol.

Lexique

Geyser

Jet intermittent d'eau chaude, à l'état liquide et de vapeur. Ce terme provient de *geysir*, signifiant « jaillir » en islandais.

Hawaiien

Type d'éruption libérant des laves très fluides (éruption effusive), en référence aux volcans des îles Hawaii dans l'océan Pacifique.

Intrusion

Formation volcanique souterraine, secondairement dégagée par l'érosion et apparaissant en relief dans le paysage.

Lahar

Coulée boueuse, très dangereuse, résultant d'un mélange de cendres volcaniques et d'une grande quantité d'eau d'origine variée (forte pluie tropicale, fonte de glace, rupture de la paroi d'un lac). Ce terme lahar est d'origine indonésienne.

Lapilli

Projection volcanique, de taille intermédiaire, comprise entre 2 et 64 millimètres. Ce terme signifie « petites pierres » en italien.

Lave

Liquide d'origine magmatique (la lave provient du magma profond qui se dégaze en surface), à une température de 900 à 1 200 degrés, émis par un cratère ou une fissure, qui s'écoule sur les flancs du volcan ou jaillit, plus rarement, en fontaine. Dans certains cas exceptionnels, la lave stagne dans le cratère (lac de lave). Les laves visqueuses ne coulent pas mais forment des dômes.

Lithosphère

Partie externe du globe, d'une épaisseur comprise entre 100 et 200 kilomètres, correspondant à la croûte terrestre et à une partie du manteau supérieur. Elle est fragmentée en grandes plaques d'une taille de plusieurs milliers de kilomètres, mobiles les unes par rapport aux autres et par rapport à l'asthénosphère sous-jacente.

Maar

Cratère d'explosion de forme parfaitement circulaire, en position latérale sur les flancs de l'édifice volcanique, parfois occupé par un lac d'eau douce ou un marécage. Ce terme, d'origine allemande, signifie « lac ».

Magma

Liquide issu de la fusion des roches du manteau, à une profondeur comprise entre 50 et 400 kilomètres [généralement une centaine de kilomètres], ou, plus rarement, de la croûte, qui remonte parfois jusqu'à la surface, lors d'une éruption volcanique. Il devient alors des coulées de lave [magma dégazé] ou des tephra [magma fragmenté, pulvérisé].

Manteau

Partie interne du globe, solide, située au-dessous de la croûte et jusqu'à 2 900 kilomètres de profondeur.

Noyau

Partie centrale du globe. Le noyau externe, situé à une profondeur comprise entre 2 900 et 5 100 kilomètres, est fluide, alors que le noyau interne, la « graine », entre 5 100 et 6 370 kilomètres, centre de la Terre, est solide.

Nuée ardente

Mélange intime [émulsion] de gaz, de liquide et de solide à haute température [200-500 degrés], qui s'épanche latéralement à très grande vitesse [50-600 kilomètres à heure]. Elle constitue l'un des risques volcaniques majeurs pour l'Homme.

Obsidienne

Roche volcanique noire, à l'éclat vitreux.

Panache

Nuage de gaz et de cendres, qui sort du cratère sommital du volcan, s'élève en forme de champignon parfois jusque dans la stratosphère [au-dessus de 15 kilomètres] et atteint exceptionnellement 50 kilomètres d'altitude.

Péléen

Type d'éruption violemment explosive, émettant des nuées ardentes, en référence à la montagne Pelée aux Antilles.

Phréatique

Éruption violemment explosive, résultant de la vaporisation brutale d'une poche d'eau souterraine surchauffée. Quand il y a contact entre l'eau et le magma, l'éruption est dite « phréatomagmatique ».

Plaque

Voir lithosphère

Plinien

Type d'éruption explosive et d'importance majeure, rejetant un panache de cendres et de ponces jusqu'à plusieurs dizaines de kilomètres de hauteur, en référence à Pline l'Ancien et à Pline le Jeune, qui observèrent l'éruption du Vésuve en 79 apr. J.-C.

Point chaud

Zone profonde particulière du globe, relativement localisée (200 à 1 000 kilomètres de diamètre) à l'échelle de la planète et présentant une anomalie positive de température. Son origine se situerait à la limite noyau-manteau, à 2 900 kilomètres de profondeur. Ceci se traduit en surface par un volcanisme.

Ponce

Pierre volcanique claire très riche en petites vacuoles de gaz et donc très légère. Grâce à sa faible densité, elle flotte parfois sur l'eau.

Pouzzolane

Scories rougeâtres. Ce nom provient de la région de Pouzzoles près de Naples, en Italie.

Raz-de-marée

Voir tsunami

Scorie

Roche volcanique bulleuse, contenant des vacuoles de gaz, qui lui confèrent un aspect en nid-d'abeilles.

Stratosphère

Partie de la haute atmosphère, située au-dessus de la troposphère. La limite entre les deux, appelée tropopause, se situe à environ 15 kilomètres d'altitude.

Strombolien

Type d'éruption essentiellement explosive et d'ampleur modérée, rejetant des bombes incandescentes et libérant parfois quelques coulées de lave, en référence au Stromboli, volcan des îles Éoliennes en Italie.

Subduction

Plongement d'une plaque lithosphérique sous une autre, formant des cordillères (cordillère des Andes) ou des arcs insulaires (Caraïbes) volcaniques. Ces régions sont également très sismiques.

Surtseyen

Type d'éruption explosive, résultant du contact du magma et de l'eau, qui se vaporise (éruption phréatomagmatique), rejetant des cendres et des nuées, en référence à l'île volcanique de Surtsey, apparue en 1963 au large de l'Islande.

Tectonique des plaques

Mouvement relatif des plaques lithosphériques, qui s'écartent, se rapprochent (collision ou subduction) ou coulissent les unes par rapport aux autres. Les continents sont entraînés par ce mouvement ; c'est la dérive des continents.

Tephra

Ensemble des matériaux volcaniques, à l'exception des laves. Ce terme, signifiant « cendres » en grec, regroupe les blocs, les bombes, les lapilli, les cendres, les ponces et les dépôts de nuées ardentes.

Tsunami

Vagues destructrices résultant de l'éruption d'un volcan, insulaire ou côtier, ou d'un séisme près des côtes. Les vagues, hautes de moins d'un mètre, se propagent à la surface de la mer puis prennent une ampleur de plusieurs mètres, voire plus, en déferlant sur d'autres régions parfois fort éloignées (raz-de-marée). Ce terme d'origine japonaise signifie « grandes vagues dans le port ».

Volcan

Point de sortie temporaire à la surface du globe, de magma, à haute température, d'origine profonde. La sortie du magma correspond à une éruption. Les matériaux émis, qui s'accumulent, construisent peu à peu un édifice.

Vulcanien

Type d'éruption explosive, rejetant des cendres, en référence au Vulcano, volcan des îles Éoliennes en Italie.

Index

Tous les mots de cet index qui sont définis dans le glossaire sont signalés par un astérisque (*). Lorsque le numéro de page est en *italique*, cela renvoie à une photographie ou à une illustration.

Index

Du même auteur

Volcans et magmas, Éditions du Rocher, Monaco, 1986.
L'Homme et les Volcans, Le Léopard d'Or, Muséum de Lyon, ARPPAM-Édition, 1991.
Enseigner la géologie au collège et au lycée (en collaboration), Nathan, Paris, 1992.
Explorons...Volcans et tremblements de terre, coll. « Rouge et Or », Nathan, Paris, 1993.
Volcans, Armand Colin, Paris, 1993.
Volcanologie, 2e Édition, Dunod, Paris, 1998.
Réussir le capes et l'agrégation des sciences de la vie et de la Terre
(avec J.-P. Dubac et J.-C. Baehr), 2e Édition, Masson, Paris, 1998.
Volcans et séismes, coll. « En savoir plus », 2e Édition, Hachette, Paris, 1998.
Le Quaternaire, Géologie et milieux naturels
(en collaboration, sous la direction de J. Riser), Masson, Paris, 1999.
Vocation volcanologue, Delachaux et Niestlé, Lausanne, Paris, 2000.
Volcanology (avec A.R. McBirney), Jones and Bartlett, Sudbury, 2000.
L'ABCdaire des Volcans, Flammarion, Paris, 2001.
Le Volcanisme, Cause de mort et source de vie (en collaboration, sous la direction de P. de Wever),
Vuibert, Muséum national d'histoire naturelle, Paris, 2003.

Crédits photographiques

Les photos de cet ouvrage sont de Jacques-Marie Bardintzeff
(diapositives Kodachrome 64 et Fujichrome Sensia 100), à l'exception de :
p. 12 : James Mellart/Jean Féraud - p. 15 : F. Buisson Éd. -
p. 17 : Patrick Barois - p. 23, 24, 25 : NASA/Photothèque planétaire d'Orsay -
p. 29 : Claude Rangin/IFREMER - p. 40 a : Robert Hoblitt/USGS -
p 40 e : Jacques-Marie Bardintzeff/Joël Boyer -
p. 47 a, b, c, d : Jacques-Marie Bardintzeff/Célestine Jéhanno -
p. 97 b : Jacques-Marie Bardintzeff/Georges Boudon -
p. 99 : Isabelle Bardintzeff - p. 112 : Jacques-Marie Bardintzeff/Pascal Gelugne -
p. 123 b : Isabelle Bardintzeff - p. 125 a : Jacques-Marie Bardintzeff/Jacqueline Weisz -
p. 153 a : Jacques-Marie Bardintzeff/Patrice de Saint-Ours -
p. 173 b : Jacques-Marie Bardintzeff, avec l'aimable autorisation de « Ushuaia Nature » -
p. 193 : Jacques-Marie Bardintzeff/Pascal Gelugne -
quatrième de couverture b : Jacques-Marie Bardintzeff/Jacky Faure.

Achevé d'imprimer en février 2004
sur les presses de l'imprimerie Stige à Turin
Dépôt légal : mars 2004
Imprimé en Italie

Les volcans du globe